Gustave Choquet

Neue Elementargeometrie

Logik und Grundlagen der Mathematik

Herausgegeben von
Prof. Dr. Dieter Rödding, Münster

Band 4

Gustave Choquet

Neue Elementargeometrie

2., durchgesehene Auflage

Mit 15 Bildern

FRIEDR. VIEWEG + SOHN
BRAUNSCHWEIG

Übersetzung: Oberstudienrat *Klaus Wigand*, Krefeld

Titel der französischen Originalausgabe:
L'enseignement de la géométrie
Éditions scientifiques HERMANN, Paris

Verlagsredaktion: *Alfred Schubert*

ISBN 978-3-528-18260-1   ISBN 978-3-322-89441-0 (eBook)
DOI 10.1007/978-3-322-89441-0

1972

Satz: Friedr. Vieweg + Sohn, Braunschweig

Vorwort

Dieses Buch ist für die Lehrer an höheren Schulen geschrieben, für die, die sich auf diesen Beruf vorbereiten und für alle diejenigen, die die Geometrie lieben. Es wird auch mit Erfolg von 15- bis 18-jährigen Schülern unter Anleitung ihrer Lehrer verwendet werden können.

Euklid gründete seine ebene Geometrie auf die Kongruenz von Dreiecken. Dreiundzwanzig Jahrhunderte später definieren die Mathematiker die Ebene als einen affinen mit einem skalaren Produkt versehenen zweidimensionalen Raum. Ich habe gedacht, daß unsere Schüler eine Darstellung der Geometrie brauchen, die wie bei Euklid von der sinnlich wahrnehmbaren Welt ausgeht, es ihnen aber erlaubt, recht bald die passenden und fruchtbaren Hilfsmittel der Algebra zu benutzen.

Dieses Buch bietet also eine Axiomatik der Geometrie, die sich auf die Begriffe der Parallelen, der Senkrechten und der Entfernung gründet, aber in einer Form, die in natürlicher Weise und schnell zur algebraischen Struktur der Ebene und des Raumes führt.

Mehrere Kapitel sind sodann der Klärung von Fragen gewidmet, die oft als dornenreich angesehen werden; sie betreffen die Bewegungen, die Winkel und das Winkelmaß, die Orientierung.

Dieses Buch verdankt viel den Diskussionen mit zahlreichen französischen und ausländischen Mathematikern und Lehrern. Ich danke insbesondere Herrn André Revuz, dessen kritische Bemerkungen und dessen Anregungen mir sehr nützlich gewesen sind.

Gustave Choquet

Vorwort zur deutschen Übersetzung

In dem vorliegenden Werk hat der Verfasser, Professor an der Faculté des Sciences in Paris, seine jahrelangen Bemühungen um einen passenden einfachen axiomatischen Aufbau der Schulgeometrie zusammengetragen.

Im Vordergrund der Darstellung stehen Mengen von Punkten, Geraden, Ebenen, die Abbildungen, Funktionen, Strukturen; Gedankengebilde ersetzen weitgehend Figuren. Punkte werden folgerichtig durch Kleinbuchstaben, die Geraden als Punktmengen mit Großbuchstaben bezeichnet, Bildpunkte wie Funktionswerte mit $f(x)$ usw.

Gleichgültig nun, wie der einzelne deutsche Leser zu Fragen der Axiomatik stehen mag, er wird hier jedenfalls einer Geometrie begegnen, die ihm in vielem neu und so ganz anders als in den schulüblichen Lehrbüchern erscheinen wird. So wird von diesem Buch, das für die Schule, aber nicht als Schulbuch geschrieben ist, ein starker Anreiz zur Beschäftigung mit Fragen der Gestaltung des zukünftigen Geometrieunterrichts überhaupt ausgehen.

Darin wird vor allem sein Wert zu sehen sein.

Klaus Wigand

Inhaltsverzeichnis

Symbole

Allgemein

→ Abbildung, Zuordnung, Funktion

⇒ Folgerung, ⇔ wechselseitige Folgerung (Äquivalenz von Aussagen)

Mengenalgebra

∩ Durchschnitt, ∪ Vereinigung, ∅ Leermenge, ∈ Element von,

∉ nicht Element von

Zahlenmengen

R	Q	Z	N	C
reelle Z.	rationale Z.	ganze Z.	natürliche Z.	komplexe Z.

R* reelle Zahlen ohne null, R+ positive reelle Zahlen

Geometrie

A, B, C, ..., G, ... Geraden und andere Punktmengen

a, b, c, ..., p, ... Punkte

A,B,C, ..., J, ... Menge von Geraden, Winkeln, Abbildungen usw.

R Raum (nur in Kap. IX)

Π Ebene (Plan), Π* Ebene ohne den Punkt 0

(Π, 0) die mit einem Ursprung 0 versehene Ebene Π, kurz auch zentrierte
Ebene genannt

Γ (a,b) Gerade durch a und b

∢AB Winkel zwischen A und B

[a, b] Intervall, Strecke zwischen a und b, abgeschlossen

]a, b[offenes Intervall

d (a, b) Distanz, Entfernung zweier Punkte a und b

d(E) Dimension von E

φ (x), f (x), ... Bild von x, erzeugt durch die Abbildung φ, f, ...

‖ parallel, ↑↑ gleichsinnig parallel (bei Geraden)

| parallel (nur bei Parallelität von Geraden und Ebenen; nicht transitive Relation)

⊥ senkrecht

xy freier Vektor, x . y skalares Produkt

Übersicht über die Axiome (Nummer römisch, Seite arabisch)

Ebene
0 6; Ia, Ib 6; IIa 10; IIb 11; IIIa 17; IIIb 20; IVa 41; IVb 44

Raum
I, II, III, IV, V 118, 119

Metrische Basis
$I' = I$, $II' = II$, III' 131; IV' 132

Nichteuklidische Geometrie
I'', II'', III'', IV'' 139

„Anfangsgeometrie"
I, II, $IIIa''$, IIIb, IVa, IVb''' 140

Einleitung

Ich werde hier nicht die Notwendigkeit eines Geometrieunterrichts diskutieren;
ich werde nur die Art untersuchen, wie er durchgeführt werden kann.

Im Augenblick besteht in allen Ländern nahezu Einmütigkeit über die folgenden
zwei Grundsätze:

1. Für die jüngeren Schüler darf der **Geometrieunterricht nicht deduktiv sein**. Es
muß ein auf Beobachtung gegründeter Unterricht sein; sein Ziel ist die Gewinnung
der Grundbegriffe aus der Erfahrung.

2. Für den Mathematiker ist es am elegantesten, tiefliegendsten, kürzesten, die
Ebene (oder den Raum) als einen Vektorraum von zwei (oder drei) Dimensionen
über R zu definieren, in dem ein skalares Produkt existiert, d.h. eine symmetrische
Bilinearform $u.v$, so daß $u.u > 0$ für alle Vektoren $u \neq 0$. Das ist zugleich die De-
finition, die sich am besten für die fruchtbaren Erweiterungen (Räume R^n, C^n,
Hilbert-Raum usw.) anbietet.

Zahlreiche Lehrer an höheren Schulen bestätigen es aus ihrer Erfahrung, daß diese
Definition mit großem Erfolg bereits von 17jährigen Schülern (Abschlußklasse
eines französischen Gymnasiums) verwendet werden kann, die vorher das skalare
Produkt kennen gelernt haben. Dieses Vorgehen erlaubt auf dieser Klassenstufe
eine bedeutende Denkökonomie und führt in natürlicher Weise zu Beweisen, die
auf echten Methoden beruhen. Gleichzeitig unterstützt es wirksam den Physik-
lehrer, da es ihm erlaubt, endlich die Begriffe der Arbeit, des Schwerpunktes und
der Kräftesumme einwandfrei zu definieren und zu behandeln.
Für die zwischen 13 und 16 Jahren liegenden Altersstufen ist das Problem nicht
so einfach. Das Kind beginnt zu verstehen, was ein Beweis ist; bei einigen erwacht
ein brennender Durst nach Logik, der anzeigt, daß die Zeit gekommen ist, ernst-
haft deduktive Schlußweisen zu erwägen. Man wird also das Kind stückweise deduktive Schlüsse ausführen lassen, wobei man darauf achtet, daß es stets seine
Voraussetzungen präzisiert.

Es ist daher unerläßlich, daß der Lehrer dieser Kinder über eine Axiomatik verfügt,
die wir als vollständig unterstellen. Verschiedene Erfahrungen haben im übrigen
die Neigung gewisser Kinder für eine genaue Axiomatik gezeigt; für diese erscheint
die Mathematik wie ein Spiel mit strengen Regeln, und sie empfinden eine große
Freude, dieses Spiel korrekt zu spielen. Wir müssen also eine einfache Axiomatik
finden; ihre Axiome müssen wirkungsvoll sein, d.h. sehr schnell zu nicht evidenten
Sätzen führen; sie müssen anschaulich sein, d.h. leicht zu bestätigende Eigenschaften des uns umgebenden Raumes wiedergeben.

Dabei ist es bedeutungslos, daß sie nicht unabhängig sind; aber ich denke nicht,
daß es wünschenswert ist, wie es gewisse Lehrer empfohlen haben, von zu viel
Axiomen auszugehen: das auf zu viel Regeln gegründete mathematische Spiel wird
verwickelt und nimmt keinen reibungslosen und sicheren Verlauf.

Es ist erwiesen, daß die „Axiomatik" von Euklid nicht unseren logischen Anforderungen entspricht; dies kann man ebensogut von sehr vielen „Axiomatiken" sagen, die man in mathematischen Lehrbüchern findet, obgleich sich bei den in den letzten Jahren erschienenen Werken eine bemerkenswerte Besserung ankündigt.
Man weiß, daß Hilbert die Axiomatik von Euklid gesäubert und vervollständigt hat, um daraus ein logisch zufriedenstellendes System zu machen; sein Hauptanliegen war nicht der Elementarunterricht; auch die Vereinfachungen, die seiner Axiomatik gegeben worden sind (man siehe z.B. die Rationale Geometrie von Halsted), sind schlecht auf den Unterricht zugeschnitten.

Die Axiomatik von Euklid-Hilbert ist auf die Begriffe der Länge, des Winkels und des Dreiecks gegründet. Sie verhüllt geradezu wundervoll die Vektor-Struktur des Raumes, in einer Weise, daß jahrhundertelang der Begriff des Vektors unbekannt geblieben ist. Die Tatsache, daß ein Dreieck die Hälfte eines Parallelogramms ist, hat es nicht verhindert, daß man über eine Zeit von mehr als zwanzig Jahrhunderten das Schwergewicht auf das Einzelstudium der Höhen, Seitenhalbierenden, Mittelsenkrechten und Winkelhalbierenden der Dreiecke, auf die Kongruenz von Dreiecken und auf die metrischen Beziehungen im Dreieck gelegt hat. Man sah das Dreieck, aber nicht das Parallelogramm, das zu den Vektoren hätte führen können.

Sicher wird das Dreieck immer eine bemerkenswerte Stellung behalten, da es das einfachste ebene Vieleck ist und da ein Dreieck genau eine Ebene festlegt. Aber man muß energisch die widernatürliche Neigung zügeln, die zu den besonderen Punkten des Dreiecks und zu oft eleganten aber unnützen metrischen Beziehungen hinzieht.

Unser Streben muß zu Methoden führen, die auf den Grundbegriffen fußen, die zwanzig Jahrhunderte endlich herausgelöst haben: der Begriff der Menge, Ordnungs- und Äquivalenzbeziehungen, das algebraische Gesetz, der Vektorraum, die Symmetrie, die Transformationen.

Diese Methoden werden nicht nur sehr zeitig den Gebrauch der einfachen und wirksamen Werkzeuge der Algebra erlauben und so eine Denkökonomie mit sich bringen, sie werden auch durch den Rückgriff auf die Grundbegriffe die geistige Struktur unserer Schüler bereichern und sie für die Aufgaben der Zukunft vorbereiten.

Eine Richtschnur für eine gute Axiomatik
Wie soll man eine Axiomatik konstruieren, die unseren Forderungen genügt? Wir würden es gerne sehen, wenn sie es erlaubt, bequem die vektorielle Struktur des Raumes ebensowie die Existenz und die Eigenschaften des skalaren Produktes zu erschließen.

Man kann also die Situation so zusammenfassen: wir kennen einen Königsweg, der auf den Begriffen „Vektorraum und skalares Produkt" aufbaut, aber diese Begriffe können nicht ohne Vorbereitung „aus den Wolken" fallen, besonders in einem Alter, in dem man wohl nicht über den Begriff der algebraischen Operation verfügt.

Auf jeden Fall werden sie uns als Richtschnur dienen. Wir werden versuchen, ein logisch vollkommenes Skelett, das für das Kind zu abstrakt ist, in ein vertrautes und ansprechendes Gewand zu kleiden.

Die Grundbegriffe seien kurz analysiert:
a) Der Begriff des Vektorraumes beruht im wesentlichen auf dem Begriff der Addition, und zwar der Addition auf der Geraden und der Addition von Vektoren; letztere ist auf den Begriff des Parallelismus oder den des Mittelpunktes von zwei Punkten rückführbar.

b) Ein skalares Produkt ist eine bilineare und symmetrische Funktion; die Rolle der Addition kennt man; einen neuen Begriff, den der Symmetrie, werden wir nun nicht umgehen können.

c) Ein skalares Produkt ist positiv, d.h. es ist $u \cdot u > 0$ für $u \neq 0$.
Dies führt uns also dazu, unsere Axiomatik auf die additive Struktur der Geraden, den Parallelismus und die Symmetrie zu gründen.

Die Lehrbücher benützen alle die Symmetrie — sie wissen dem nicht zu entgehen — aber wenige lassen sie in ihren Axiomen auftreten; ihre explizite Axiomatik ist also unzureichend, und sie begeben sich eines mächtigen Werkzeuges.

Viele Lehrer sehen den Symmetriebegriff als delikat an und gewöhnen ihre Schüler daran, systematisch die Kongruenz von Dreiecken zu verwenden, selbst in den Fällen, wo eine offensichtliche Symmetrie eine unmittelbare Lösung liefern würde. Man muß dieser Furcht vor der Symmetrie energisch entgegentreten und der Symmetrie von vornherein den ihr zustehenden bedeutenden Platz einräumen.

Es bleibt uns noch, in unser Axiomensystem die Positivwertigkeit des skalaren Produktes einzufügen. Sie nimmt eine Ordnung über dem Körper der skalaren Größen an, was sich in einem Ordnungsaxiom auf den Geraden niederschlägt. Sie erlaubt aber auch eine Norm über den Raum zu definieren, also auch eine Entfernung, die der Dreiecksungleichung genügt. Man wird diese Dreiecksungleichung dann einzuführen genötigt sein, wenn die anderen Axiome nicht mehr zu ihrer Herleitung ausreichen.

Ich will hier eine Axiomatik darstellen, die auf diesen Prinzipien aufgebaut ist.
Die metrischen Begriffe sind dabei sauber von den affinen Begriffen getrennt, und
die ersten Axiome genügen vollständig für das Studium der Vektorstruktur der
Ebene oder des Raumes *).

Die Inzidenzaxiome I und die Ordnungsaxiome II scheinen in jeder vernünftigen
Axiomatik der Ebene auftreten zu müssen. Ich weise insbesondere auf das Inzi-
denzaxiom I_b hin, das aussagt, daß durch jeden Punkt zu einer gegebenen Geraden
eine und nur eine Parallele verläuft. Das Postulat von Euklid setzt ihre Einzigkeit
fest, wobei ihre Existenz mit Hilfe der anderen Axiome bewiesen werden kann. Ich
habe gemeint, daß die Vereinigung der Existenz und Einzigkeit in demselben Axiom
eine große Vereinfachung in die Entwicklung der Geometrie bringt, und daß andererseits sehr wenig Kinder bis zu 16 Jahren für den Beweis der Existenz empfäng-
lich sind, die ihnen mindestens ebenso wie die Einzigkeit als eine Erfahrungstat-
sache erscheint.

Ich werde zunächst die Axiomatik der Ebene entwickeln; einige ergänzende Axiome
werden es dann erlauben, anschließend sehr einfach die affine und die metrische
Struktur des Raumes festzulegen.

Die Axiomatik der Ebene ist folgendermaßen aufgebaut: Die Ebene ist eine Menge,
von der die Geraden gewisse Teilmengen sind. Jede Gerade ist mit einer Ordnungsstruktur und mit einer algebraischen Struktur versehen. Für jede Gerade sind diese
beiden Strukturen durch Axiome der Verträglichkeit verknüpft. Im übrigen sind
die Strukturen der verschiedenen Geraden untereinander durch zueinander passende
Axiome verbunden.

Im Gegensatz dazu nehmen die Inzidenzaxiome I keine Struktur auf den Geraden
an; sie präzisieren lediglich den Grad der Häufigkeit von Geraden und Parallelenpaaren. Man wird sehen, daß aus den Axiomen I und II allein schon zahlreiche
Eigenschaften folgen, die man gewöhnlich mit der affinen oder metrischen Struktur
der Ebene verknüpft glaubt.

Die Rolle der Zahlen in der Geometrie

Die Griechen haben lange Zeit nur die rationalen Zahlen gekannt und selbst nach
ihrer denkwürdigen Entdeckung der Irrationalität von $\sqrt{2}$ haben sie nicht den allgemeinen Zahlbegriff entwickeln können, der für sie mit der Geometrie verknüpft
blieb. Die geistigen Erben Euklids haben versucht, sein Werk zu verbessern, indem

---

*) Diese Axiomatik ist zum ersten Male auf dem OEEC-Seminar in Royaumont 1959 ausein-
  andergesetzt worden. Im Anhang werde ich eine zweite Axiomatik skizzieren, die den
  Akzent auf die metrischen Eigenschaften der Ebene und auf die Achsensymmetrie legt.

sie eine „Streckenrechnung" an die Spitze stellten, die es gestattet, wenn auch sehr mühsam, die Körperstruktur der Menge der Zahlen ausgehend von der ebenen Geometrie wiederzufinden. Wir dürfen um keinen Preis in diesen Fehler verfallen. So früh wie möglich muß das Kind mit der Menge R der Zahlen als eines total geordneten kommutativen Körpers vertraut werden: anders ausgesprochen, es muß sich bewußt werden, daß es beim Rechnen von der Addition und der Multiplikation nur eine kleine Anzahl von Eigenschaften benützt, die die Mathematiker die Axiome eines total geordneten kommutativen Körpers nennen.

Später wird es je nach Bedarf das Archimedes-Axiom (zum Beispiel in der Form: jede Zahl wird durch eine ganze Zahl übertroffen) oder das stärkere Axiom der Stetigkeit (zum Beispiel in der Form: jeder nach oben beschränkte Teil von R hat eine kleinste obere Schranke) verwenden.

Gewiß kann die Behandlung der algebraischen Struktur der Operationen durch einen Rückgriff auf die Gerade veranschaulicht werden: aber es handelt sich dabei nicht um ebene Geometrie. Was wir vermeiden müssen, ist ein Rückgriff auf eine Streckenrechnung, die die bereits in der ebenen Geometrie herausgearbeiteten Begriffe der Parallelen, der schneidenden und sogar der senkrechten Geraden gebraucht.

I. Inzidenz- und Ordnungsaxiome

A. Geraden und Parallelen

1. Das Mengenschema

Eine Ebene Π ist eine Menge, die dadurch eine Struktur erhält, daß eine Menge G von Teilmengen von Π, Geraden genannt, vorgegeben ist. Jede Gerade ist ihrerseits mit einer durch Axiome präzisierten Struktur versehen. Die Strukturen der verschiedenen Geraden sind untereinander durch Axiome verknüpft, die man Übertragungsaxiome nennen könnte. Zur Vereinfachung der Darstellung führen wir zuerst das folgende Axiom ein:

Axiom 0. *Die Ebene enthält wenigstens zwei Geraden, und jede Gerade enthält wenigstens zwei Punkte.*

Wir haben diesem Axiom die Nummer 0 gegeben, weil es sich aus den später folgenden Axiomen IIIa, wonach jede Gerade mindestens zwei Punkte enthält, und IVa, wonach die Ebene wenigstens zwei Geraden enthält, ergibt. Das Axiom 0 ist also eine Folgerung aus weiteren Axiomen, aber es erleichtert die Darstellung, wenn man es von Anfang an verwendet. Um das nun folgende Axiom ohne großen Aufwand formulieren zu können, definieren wir zunächst:

Definition 1.1. *Zwei Geraden* A, B *von* Π *heißen parallel (in Zeichen* A $\parallel$ B)*, wenn* A = B *oder* A $\cap$ B = ϕ.

Zahlreiche Lehrbücher engen die Definition der Parallelität auf den Fall A $\cap$ B = ϕ ein. Diese Beschränkung führt zu Schwierigkeiten bei den Formulierungen und verschleiert die Äquivalenzrelation, der wir bald begegnen werden. Wir halten gleich jetzt fest, daß unmittelbar auf Grund der Definition 1.1 die Parallelität eine binäre Relation auf G und daß sie symmetrisch und reflexiv ist.

Es ist zweckmäßig, die folgende Formulierungen zu gebrauchen:

Zwei Geraden *schneiden sich,* wenn ihr Durchschnitt einen einzigen Punkt enthält.

Eine Gerade G *geht durch einen Punkt* a, wenn a $\in$ G.

Eine Teilmenge X von Π heißt *geradlinig,* wenn es eine Gerade gibt, die X enthält.

2. Inzidenzaxiome

Axiom Ia. *Für jedes Paar* (x, y) *verschiedener Punkte von* Π *gibt es eine und nur eine Gerade, die* x *und* y *enthält.*

Axiom Ib. *Durch jeden Punkt* x *gibt es zu jeder Geraden* G *eine und nur eine Parallele.*

Für jedes Paar (x, y) verschiedener Punkte von Π bezeichnet man mit Γ (x, y) die Gerade, die durch x und y verläuft. Nach Axiom Ia ist die Aussage, daß sich zwei Geraden schneiden, gleichwertig der anderen Aussage, daß sie nicht parallel sind.

Satz 2.1. *Die Parallelität ist eine Äquivalenzrelation auf der Menge* G *der Geraden.*

Wir wissen bereits, daß die Parallelität eine symmetrische und reflexive Relation ist; es bleibt nur noch zu zeigen, daß sie transitiv ist:

Es sei A ∥ B und B ∥ C.

Ist A ∩ C = ϕ, so ergibt sich sofort A ∥ C; trifft die Voraussetzung nicht zu, so sind A und C parallel zu B und enthalten einen gemeinsamen Punkt, also ist A = C, d.h. wiederum A ∥ C.

Man weiß, daß jeder Äquivalenzrelation Ä über einer Menge E eine Einteilung von E in Klassen zugeordnet ist, die die Elemente einer neuen mit E/Ä bezeichneten Menge sind; wir definieren:

Definition 2.2. *Die der Parallelität zugeordneten Äquivalenzklassen über* G *werden* *Richtungen genannt; die Äquivalenzklasse, zu der eine Gerade* G *gehört, heißt die* *Richtung von* G.

Sind zwei Geraden parallel, so kann man auch sagen, daß sie dieselbe Richtung haben.

Durch jeden Punkt verläuft eine und nur eine Gerade von gegebener Richtung.

In graphischen Darstellungen erweist es sich oft als zweckmäßig, eine Richtung γ durch eine der Geraden dieser Richtung γ zu konkretisieren.

Satz 2.3. *Das Komplement jeder Geraden* G *ist nicht leer.*

Beweis. Es sei G′ eine von G verschiedene Gerade.

Ist G′ ∥ G, so enthält das Komplement von G die Gerade G′.

Schneiden sich G′ und G, so sei a ihr gemeinsamer Punkt; es existiert dann ein x ∈ G′, so daß x ≠ a (Axiom 0), also x ∉ G. In beiden Fällen ist also die Aussage richtig.

Satz 2.4. *Es sei* G *eine Gerade und* a ∉ G. *(Für jedes* x ∈ G *ist nun* Γ (a, x) *definiert.)* *Dann ist die Abbildung* x → Γ (a, x) *von* G *in* G *eine Bijektion von* G *auf die Menge* *der Geraden, die durch* a *gehen und nicht zu* G *parallel sind.*

Beweis. Diese Abbildung ist eineindeutig, denn jede Gerade durch a trifft G in höchstens einem Punkt. Andererseits schneidet jede Gerade Γ (a, x) die Gerade G, und umgekehrt trifft jede G schneidene Gerade G in einem Punkt x, ist also von der Form Γ (a, x).

Zusatz 2.5. *Es gibt wenigstens drei Richtungen.*

In der Tat enthält G (mit den Bezeichnungen des Satzes 2.4) wenigstens zwei Punkte; also gehen durch a wenigstens drei Geraden: die Parallele zu G und die Geraden Γ (a, x), wobei x ∈ G.

Satz 2.6. *Es sei γ irgendeine Richtung und Ä die folgende auf Π definierte binäre Relation:*

(x $\sim$ y), wenn eine Gerade der Richtung γ existiert, die x und y enthält. Dann ist Ä eine Äquivalenzrelation auf Π, und ihre Klassen sind die Geraden der Richtung γ.

Beweis. Die Geraden der Richtung γ erzeugen eine Einteilung P von Π, da einerseits zwei derartige Geraden punktefremd oder identisch sind und andererseits jeder Punkt von Π einer Geraden der Richtung γ angehört. Schließlich ist für jeden Punkt x die Menge der Punkte y, für die x $\sim$ y ist, die Gerade der Richtung γ durch x; die gegebene Relation Ä ist also die Äquivalenzrelation, die der Einteilung P zugeordnet ist.

Bemerkung. Man muß die Parallelität, die eine Äquivalenzrelation auf G ist, streng von dieser Relation Ä unterscheiden, die eine Äquivalenzrelation auf Π ist (und die überdies von der gewählten Richtung γ abhängt).

3. Parallelprojektion

Es sei G eine Gerade und γ eine Richtung, die von der Richtung von G verschieden ist (eine solche Richtung γ existiert nach dem Zusatz 2.5). Für jeden Punkt p $\in \Pi$ trifft die Gerade der Richtung γ durch p die Gerade G in einem Punkt φ (p). Wir definieren (Bild 1):

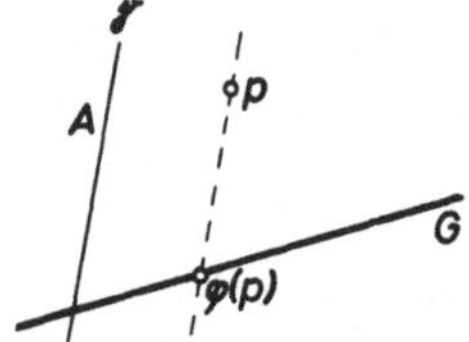

Bild 1. Schema der Parallelprojektion

Definition 3.1. *Die Abbildung φ von Π in G heißt die Parallelprojektion auf G parallel zu γ (falls γ die Richtung einer Geraden A ist, sagt man auch „parallel zu A").*

Es ist sofort klar, daß die Fixpunkte von φ, d.h. die Punkte x, für die φ (x) = x ist, die Punkte von G sind. Wir haben

$$\varphi(\Pi) = G \quad \text{und} \quad \varphi(G) = G.$$

Die Parallelprojektion ist eines der grundlegenden Hilfsmittel der Geometrie; und die Zahl ihrer Eigenschaften vermehrt sich, wie wir noch sehen werden, in dem Maße, in dem wir weitere Axiome hinzufügen. Manchmal wird man auch noch aus Zweckmäßigkeitsüberlegungen von Parallelprojektion sprechen, wenn diese sich nur auf eine Teilmenge von Π beschränkt.

Satz 3.2. *Es seien* A *und* B *irgendwelche Geraden und* γ *eine Richtung, die von den Richtungen von* A *und von* B *verschieden ist (eine solche gibt es nach dem Zusatz 2.5). Dann ist die Parallelprojektion von* A *in* B *parallel zu* γ *eine Bijektion von* A *auf* B *(Bild 2).*

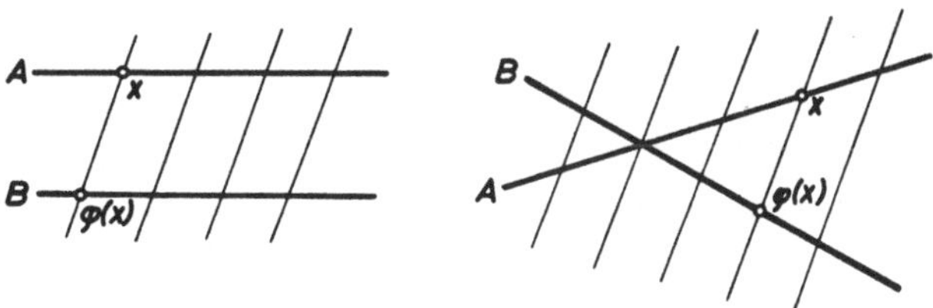

Bild 2. Die Punktmengen (Geraden) A und B haben dieselbe Kardinalzahl

Beweis. Diese Parallelprojektion sei φ. Sie ist eineindeutig; sind nämlich x und x$'$ zwei **verschiedene Punkte von A, so sind auch die Geraden der Richtung** γ **durch** diese Punkte verschieden, schneiden also B in zwei verschiedenen Punkten $\varphi(x)$, $\varphi(x')$. Schließlich ist $\varphi(A) = B$, da für jeden Punkt y von B die Gerade der Richtung γ, die durch y verläuft, A in einem Punkt x schneidet, so daß $\varphi(x) = y$. Offensichtlich ist die Parallelprojektion von B auf A parallel zu γ nichts anderes als φ^{-1}.

Zusatz 3.3. *Alle Geraden von* Π *besitzen dieselbe Kardinalzahl (wir nennen diese Kardinalzahl* α; *sie ist je nach der betrachteten Ebene* Π *endlich oder unendlich).*

Bemerkung. Die symmetrische Rolle von A und B in den Parallelprojektionen φ und φ^{-1} kann durch die folgende Tatsache betont werden:

Die Einteilung von Π in Geraden der Richtung γ hat als Spur (Schnitt) auf $A \cup B$ eine Einteilung, bei der jede Klasse zwei Punkte x und $\varphi(x)$ enthält, von denen der eine in A, der andere in B liegt; und diese Punkte sind verschieden mit der Ausnahme, daß bei sich schneidenden Geraden $x = \varphi(x) = A \cap B$ ist.

4. Achsensysteme

Es seien G_1, G_2 zwei sich schneidende Geraden; man bezeichne die Parallelprojektion auf G_1 parallel zu G_2 mit φ_1 und die Parallelprojektion auf G_2 parallel zu G_1 mit φ_2. Für jeden Punkt p heißen $\varphi_1(p)$, $\varphi_2(p)$ die *Komponenten von* p in bezug auf das Achsensystem G_1, G_2; der Durchschnitt von G_1, G_2 heißt *Ursprung* des Systems (Bild 3).

Jedem Punktepaar (p_1, p_2) von Π mit $p_1 \in G_1$ und $p_2 \in G_2$ entspricht ein einziger Punkt p von Π, so daß $p_1 = \varphi_1(p)$ und $p_2 = \varphi_2(p)$: Dieser Punkt ist der Durchschnitt der Parallelen zu G_2 durch p_1 und der Parallelen zu G_1 durch p_2. Die Abbildung $p \to (\varphi_1(p), \varphi_2(p))$ ist also eine Bijektion auf die Produktmenge $G_1 \times G_2$.

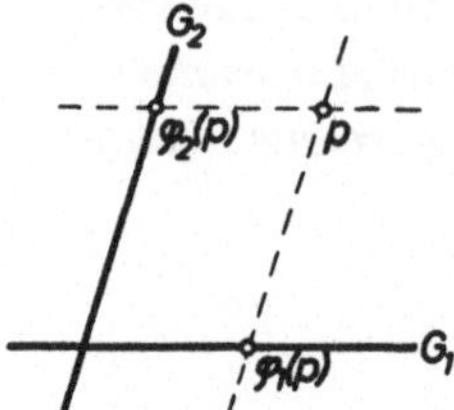

Bild 3. Der Punkt p im Achsensystem

Daraus folgt insbesondere, daß die endliche oder unendliche Kardinalzahl von Π gleich α^2 ist.

B. Ordnungsaxiome

Das erste Ordnungsaxiom führt auf jeder Geraden eine Ordnung ein; das zweite verbindet die Ordnungen verschiedener Geraden.

5. Ordnungsstruktur jeder Geraden

Axiom IIa. *Jeder Geraden G sind zwei Ordnungsstrukturen zugeordnet, die einander entgegengesetzt sind.*

Dieses Axiom ist hier nun in verkürzter Form dargestellt, da angenommen werden kann, daß der Begriff der totalen Ordnung auf einer Menge bekannt ist. Es führt zugleich die beiden Ordnungsstrukturen einer Geraden ein, denn es gibt keine von Natur aus bevorzugte Ordnung auf einer Geraden; sobald nämlich eine der beiden Ordnungen bekannt ist, ist es auch die andere. Man könnte den Rückgriff auf die beiden Ordnungen vermeiden, indem man sie etwa durch eine ternäre (dreistellige) Relation wie „x zwischen y und z" ersetzt, die passenden Axiomen genügt; aber eine derartige Relation ist weniger leicht zu handhaben als eine Ordnungsrelation, und sei es auch nur deswegen, weil sie dreistellig ist.

Terminologie. 1. Als *orientierte Gerade* bezeichnen wir jede Gerade, die mit einer der beiden Ordnungen ausgestattet ist.

2. Für alle voneinander verschiedenen Punkte a, b bedeutet „orientierte Gerade $\Gamma(a, b)$" die Gerade $\Gamma(a, b)$, die so orientiert ist, daß $a < b$.

3. Für jede orientierte Gerade G und jeden Punkt $a \in G$ führen wir als *offene* bzw. *abgeschlossene positive Halbgerade* von G mit dem Ursprung a die Menge $\{x \mid a < x\}$ bzw. die Menge $\{x \mid a \leqslant x\}$ ein. Mit dem Ausdruck „*Halbgerade* G (a, b)" bezeichnen wir die *positive* (offene oder abgeschlossene) Halbgerade der orientierten Geraden $\Gamma(a, b)$ mit dem Ursprung a.

4. Durch voneinander verschiedene Punkte a, b von Π verläuft genau eine Gerade
Γ(a, b), und die beiden Ordnungen dieser Geraden sind für die Intervalle [a, b],
]a, b[und [a, b[die gleichen; die Bezeichnungen haben also einen bestimmten
Sinn.

Schließlich vereinbaren wir noch [a, a] = {a} und]a, a[= ϕ für jedes a.

Definition 5.1. *Eine Teilmenge* X *von* Π *heißt konvex, wenn* [x, y] $\subset$ X *für alle*
x, y $\in$ X *gilt.*

So ist z.B. Π konvex; jede Gerade, jede Halbgerade und jedes Intervall sind konvex;
wir werden bald andere wichtige Beispiele geben können. Es ist nun unmittelbar
klar, daß der Durchschnitt jeder Familie (X_i) von konvexen Teilmengen von Π
wiederum konvex ist. Es sei nun A irgendeine Teilmenge von Π; es existieren
konvexe Mengen, die A enthalten, und sei es nur Π; ihr Durchschnitt ist konvex,
und er ist offenbar die kleinste konvexe Menge, die A enthält; man nennt sie die
konvexe Hülle von A.

6. Übertragungsaxiome

Axiom IIb (Beziehung zwischen den Ordnungsstrukturen verschiedener Geraden).
Für jedes Paar (A, B) *paralleler Geraden und für alle Punkte* a, b, a', b', *für die*
a, a' $\in$ A *und* b, b' $\in$ B *ist, schneidet jede Parallele zu diesen Geraden, die* [a, b]
schneidet, auch [a', b'] (Bild 4).

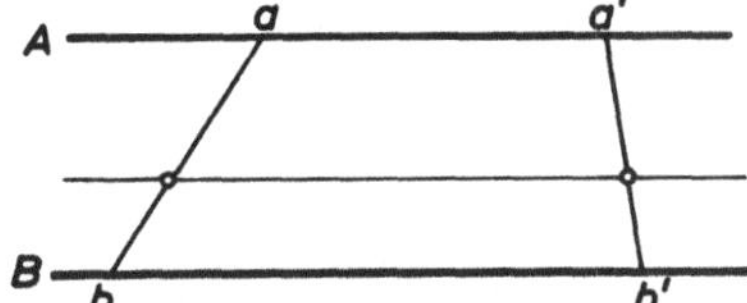

Bild 4. Zum Axiom IIb

Bemerkung. Ist A = B, so spricht dieses Axiom eine Folgerung aus vorangegangenen
Axiomen aus. Es ist daher nur der Fall A ≠ B von Interesse.

Satz 6.1. *Es seien* G *eine Gerade,* γ *eine Richtung, die von der von* G *verschieden*
ist, und φ *die Parallelprojektion auf* G *parallel zu* γ. *Dann gilt für alle* x, y $\in$ Π

$$\varphi([x, y]) = [\varphi(x), \varphi(y)].$$

Beweis. Die Aussage ist offenbar richtig, wenn x und y auf einer Geraden der
Richtung γ liegen, da dann φ für diese Gerade konstant ist:

$$\varphi([x, y]) = \{\varphi(x)\} = \{\varphi(y)\}.$$

Trifft diese Voraussetzung nicht zu, so seien A und B die Geraden der Richtung γ,
die durch x bzw. y verlaufen; nach Axiom IIb ist φ eine Bijektion von [x, y] auf
[φ(x), φ(y)], wie in der Behauptung festgestellt.

Zusatz 6.2. *Die Projektion $\varphi(X)$ jeder konvexen Menge $X \subset \Pi$ auf G ist konvex. Für jede konvexe Menge $X \subset G$ ist $\varphi^{-1}(X)$ konvex.*

Zusatz 6.3. *Es seien A, B zwei orientierte Geraden und γ eine Richtung, die von den Richtungen von A und B verschieden ist. Die Parallelprojektion φ von A auf B parallel zu γ ist (in bezug auf die Ordnungen) steigend oder fallend.*

Nach Satz 6.1 gilt in der Tat für jedes Tripel (x, y, z) von Punkten von A

(y zwischen x und z) $\Rightarrow$ ($\varphi(y)$ zwischen $\varphi(x)$ und $\varphi(z)$),

woraus folgt, daß φ steigend oder fallend ist *).

Zusatz 6.4. *Da die Kardinalzahl α der Geraden von Π größer als 2 ist, ist jede Halbgerade von Π nichtleer.*

Beweis. Es sei G irgendeine Gerade und $a \in G$. Es existiert zu G eine von G verschiedene Parallele G', und voraussetzungsgemäß gibt es wenigstens drei verschiedene Punkte a', x', y' auf G', so daß $a' \in [x', y']$. Die Richtung von $\Gamma(a, a')$ ist von den Richtungen von G und G' verschieden, also sind nach den Sätzen 3.2 und 6.1 die Projektionen a, x, y von a', x', y' von G parallel zu $\Gamma(a, a')$ voneinander verschieden, und es ist $a \in [x, y]$. Daher ist jede der offenen Halbgeraden von G mit dem Ursprung a nichtleer. Daraus folgt, daß die Kardinalzahl jede dieser Halbgeraden unendlich ist.

Diese Tatsache wird zwar unmittelbar aus Axiom III folgen, es ist aber zweckmäßig, sie schon jetzt heranziehen zu können.

7. Teilung der Ebene durch eine Gerade

Satz 7.1. *Wir nehmen an, daß die Kardinalzahl α der Geraden größer als 2 sei. Dann existiert für jede Gerade G eine einzige Einteilung von $(\Pi \div G)$ in zwei konvexe Mengen Π_1 und Π_2. Keine dieser beiden Mengen ist leer, und für alle $x_1 \in \Pi_1$ und $x_2 \in \Pi_2$ trifft die Strecke (das Intervall) $[x_1, x_2]$ die Gerade G.*

Beweis. 1. Existenz. Es sei A eine Gerade, die G in a trifft. Wir bezeichnen mit φ die Projektion auf A parallel zu G und mit A_1, A_2 die offenen Halbgeraden von A mit dem Ursprung a. Diese Halbgeraden sind konvex und stellen eine Einteilung von $A \div \{a\}$ her, also sind beide Mengen $\Pi_i = \varphi^{-1}(A_i)$, i = 1,2, nach Zusatz 6.2 konvex und liefern eine Einteilung (Zerlegung) von $(\Pi \div G)$.

2. Einzigkeit. Es sei (E_1, E_2) eine zweite Einteilung von $(\Pi \div G)$ in konvexe Mengen. Jede der Mengen $\varphi(E_i)$ ist konvex und in $A_1 \cup A_2$, also in einer der Halbgeraden A_1, A_2 enthalten. Anders ausgedrückt: Jede der Mengen E_i ist in

---

*) je nachdem aus $x < y < z$ die Beziehung $\varphi(x) < \varphi(y) < \varphi(z)$ oder die entgegengesetzte Beziehung $\varphi(x) > \varphi(y) > \varphi(z)$ folgt. Vgl. dazu auch die Anmerkung zu Kap. 18.

einer der Mengen Π_i enthalten, und da $E_1 \cup E_2 = \Pi_1 \cup \Pi_2$ und keine der Mengen Π_i leer ist, so gilt entweder $E_1 = \Pi_1$ und $E_2 = \Pi_2$ oder $E_1 = \Pi_2$ und $E_2 = \Pi_1$. Bis auf die Indizes ist also die Einteilung (E_1, E_2) die gleiche wie (Π_1, Π_2).

3. Ist schließlich $x_1 \in \Pi_1$ und $x_2 \in \Pi_2$, so liegen die Enden der Strecke $\varphi([x_1, x_2])$ in A_1 bzw. A_2; die Strecke enthält demnach a; also trifft $[x_1, x_2]$ die Gerade $\varphi^{-1}(\{a\}) = G$.

Definition 7.2. *Die durch Satz 7.1 definierten Mengen Π_1, Π_2 heißen die zu G gehörigen offenen Halbebenen.*

Die Mengen $\Pi_1 \cup G$ und $\Pi_2 \cup G$ sind die zu G gehörigen abgeschlossenen Halbebenen; sie sind gleichfalls konvex, da $\Pi_i \cup G = \varphi^{-1}(A_i \cup \{a\})$.

Übungen zu Kapitel I

Diese Übungen werden für das Verständnis der folgenden Herleitungen keineswegs vorausgesetzt, manche können in vorgerücktem Stadium einfacher erledigt werden. Hier haben sie den Sinn, schon an einer Stelle an die Handhabung der Axiome zu gewöhnen, an der man noch über sehr wenig Sätze verfügt.

1. Es sei E eine Menge und L eine Menge von Teilmengen von E. Für alle $L_1, L_2 \in L$ wird man L_1 und L_2 als parallel (geschrieben $L_1 \parallel L_2$) bezeichnen, wenn entweder $L_1 = L_2$ oder $L_1 \cap L_2 = \phi$.

Wir nehmen an, daß L dem folgenden Axiom genügt:
„Für alle $L \in L$ und alle $a \in E$ gibt es ein einziges $L' \in L$, so daß $a \in L'$ und $L' \parallel L$."
Es soll gezeigt werden, daß dieses Axiom dem folgenden gleichwertig ist: *„Der Parallelismus ist eine Äquivalenzrelation auf L."*

Mit Hilfe dieses Axioms ist zu beweisen, daß für alle L die auf E definierte Relation
„$(a \sim b)$, wenn ein L' parallel zu L existiert und a, b enthält"
eine Äquivalenzrelation ist und daß ihre Äquivalenzklassen die zu L parallelen Elemente von L sind.

2. Es sei K ein kommutativer Körper. Wir bezeichnen als Gerade von K^2 jede Teilmenge von K^2, die durch eine Relation der Form
$$a_1 x_1 + a_2 x_2 = b \qquad (a_1, a_2, b \in K; \ a_1 \ und \ a_2 \ nicht \ beide \ null)$$
definiert ist. Es ist zu zeigen, daß K^2, versehen mit diesen Geraden, den Axiomen I genügt.

3. Es soll insbesondere der Fall untersucht werden, daß K ein endlicher kommutativer Körper ist, z. B. die Menge der ganzen Zahlen modulo p, wobei p eine Primzahl ist.

Man untersuche auch den weiteren Fall, daß K der Körper C der komplexen Zahlen ist.

Es sei angenommen, daß *in den folgenden Übungen die Axiome* I *und* II *erfüllt sind.*

4. Es ist zu zeigen, daß abgesehen von dem Fall, bei dem die Kardinalzahl α der Geraden 2 beträgt (dann ist Π isomorph zu K^2, wobei K der Körper der ganzen Zahlen modulo 2 ist), die Kardinalzahl jedes offenen Intervalls]a, b[unendlich ist (wenn a $\neq$ b).

Genauer gesagt: Es ist zu zeigen, daß jede offene Halbgerade (und jedes nichtleere offene Intervall) einer Geraden (in bezug auf die Ordnung) isomorph ist.

In den folgenden Übungen sei $\alpha > 2$ *angenommen.*

5. Es seien A, B, C drei Halbgeraden mit dem Ursprung 0, die nicht paarweise aufeinanderfallen. Man zeige, daß entweder jeweils irgendzwei von ihnen beiderseits der Geraden liegen, die die dritte Halbgerade trägt, oder daß eine Gerade existiert, die nicht durch 0 geht und die A, B, C schneidet.

6. Es seien A, B zwei nicht auf einer Geraden liegende Halbgeraden mit dem Ursprung 0. Unter dem *Sektor* (A, B) verstehen wir den Durchschnitt der zu B gehörigen Halbebene, die A enthält, mit der zu A gehörigen Halbebene, die B enthält. Ferner sei G irgendeine im Sektor (A, B) enthaltene Halbgerade mit dem Ursprung 0, die von A und B verschieden ist. Dann soll gezeigt werden, daß G jede Strecke [a, b] mit a $\in$ A, b $\in$ B und jede B schneidende Parallele zu A trifft.

7. Aus der vorigen Übung ist herzuleiten, daß für ein nicht in einer Geraden liegendes Punktetripel (a, b, c), wenn c$'$ der Schnitt der Parallelen durch b zu Γ (a, c) mit der Parallelen durch a zu Γ (b, c) ist, die Punkte c und c$'$ auf verschiedenen Seiten von Γ (a, b) liegen. Weiter ist zu zeigen, daß die Intervalle bzw. Strecken]a, b[und]c, c$'$[sich schneiden.

8. Es seien 0, a, b drei nicht in einer Geraden liegende Punkte von Π und a$' \in$ [0, a] und b$' \in$ [0, b]. Man zeige, daß sich für alle m $\in$ [a, b] die Strecken [0, m] und [a$'$, b$'$] schneiden. Daraus ist herzuleiten, daß die Vereinigungsmenge der Strecken [0, x], die einen Punkt 0 mit den Punkten x einer konvexen Menge verbinden, konvex ist. Das Ergebnis ist auf die Vereinigungsmenge der Strecken auszudehnen, die die Punkte von zwei gegebenen konvexen Bereichen verbinden.

9. Es ist zu zeigen, daß die konvexe Hülle jeder endlichen Menge (der kleinste konvexe Bereich, der diese Menge enthält) der Durchschnitt einer endlichen Familie von abgeschlossenen Halbebenen ist. Im besonderen heißt die konvexe Hülle eines nicht in einer Geraden liegenden Tripels (a, b, c) ein *Simplex;* er ist gleich dem Durchschnitt der zu Γ(a, b), Γ(b, c), Γ(c, a) gehörigen abgeschlossenen Halbebenen, die c, bzw. a, bzw. b enthalten.

10. Es sind mehrere äquivalente Definitionen des ebenen Streifens zu geben, der durch zwei Parallelen A und B definiert ist. Als Richtung des Streifens wird man die Richtung der beiden Parallelen bezeichnen, die ihn bestimmen.

11. Man sagt, daß eine Teilmenge X von Π beschränkt ist, wenn X für jede Richtung γ in einem Streifen der Richtung γ enthalten ist. Es soll gezeigt werden:

a) Jede endliche Menge ist beschränkt.
b) Ist X in zwei Streifen verschiedener Richtung enthalten, so ist X beschränkt.
c) Jede beschränkte Menge ist in einem Simplex enthalten.

12. a) Auf einer Geraden ist mit Hilfe des Begriffs des offenen Intervalls eine Topologie zu definieren (siehe dazu im ersten Teil dieses Buches das Kapitel zur Topologie).
b) Es seien G_1, G_2 zwei sich schneidende Geraden von Π. Indem man Π mit der Menge $G_1 \times G_2$ identifiziert, definiere man auf Π eine Topologie des Produktraumes, ausgehend von den Topologien von G_1 und G_2. Es ist zu zeigen, daß diese Topologie nicht von der Wahl der Geraden G_1, G_2 abhängt.

13. Es sei $X \subset \Pi$ und a, b $\in$ X; man setze (a $\sim$ b), wenn ein Streckenzug mit den Enden a und b existiert, dessen Strecken in X enthalten sind. Diese Relation ist eine Äquivalenzrelation auf X; ihre Äquivalenzklassen heißen die Komponenten von X.

Nun sei P ein geschlossenes Polygon ohne Doppelpunkte, d.h. zwei nicht aufeinanderfolgende Seiten dürfen keinen gemeinsamen Punkt haben; ferner sei C die Umfangslinie von P (Vereinigung der Seiten von P). Man zeige, daß (Π − C) genau zwei Komponenten hat, von denen die eine beschränkt ist; weiter zeige man, daß für die Topologie von Π jede der Komponenten von (Π − C) offen ist und jeder der Punkte von C ihnen benachbart ist (Satz von Jordan).

Die Lösung ist elementar, aber nicht sofort zu sehen. Man wähle eine Richtung γ, die nicht den Seiten des Polygons parallel ist, und ziehe durch die Ecken des Polygons P Geraden dieser Richtung γ. Dann ordne man die Menge dieser Parallelen und betrachte die dadurch bestimmten aufeinanderfolgenden Streifen.

14. K sei ein kommutativer total geordneter Körper, d.h. $(a \leqslant b) \Rightarrow (a + x \leqslant b + x)$ und $(0 \leqslant a, 0 \leqslant b) \Rightarrow (0 \leqslant ab)$. Es soll auf K^2 eine Struktur der Ebene definiert werden, die den Axiomen I und II genügt (vgl. Übung 2). Beispiele eines solchen Körpers K, der nicht Unterkörper des Körpers R der reellen Zahlen ist, sind anzugeben.

15. Es sei Π eine offene Kreisfläche der klassischen Ebene R^2. Als „Gerade" bezeichnen wir in Π jeden offenen Kreisbogen, der in Π enthalten ist und dessen Endpunkte die Endpunkte eines Durchmessers von Π sind. Jede derartige Gerade versehen wir mit einer natürlichen Ordnung.

Man zeige, daß Π den Axiomen I und II genügt und nicht (in bezug auf die Ordnung) isomorph zur Ebene R^2 ist, obwohl die „Geraden" von Π isomorph zu R sind. Man konstruiere andere analoge Beispiele in der offenen Kreisfläche Π, indem man als Familien von „Geraden" gewisse Familien von Bogen nimmt, deren Endpunkte die Endpunkte eines Kreisdurchmessers sind und die bei Rotation invariant bleiben. (Um festzustellen, ob eine derartige Ebene isomorph der klassischen Ebene ist, verwende man eine klassische Eigenschaft des Gitters, das aus zwei Parallelenpaaren aufgebaut ist.)

II. Axiome der affinen Struktur

A. Affine Struktur der Geraden von Π

8. Das erste Axiom der affinen Struktur

Das von uns nun auszusprechende Axiom verwendet die reellen Zahlen; tatsächlich werden wir aber in diesem Kapitel von der Menge R nur die Struktur eines total geordneten und archimedischen kommutativen Körpers benutzen, nicht das Axiom der Stetigkeit. Dies ermöglicht es, im Unterricht der 12- bis 16-jährigen den Rückgriff auf den Körper R und auf die damit verbundenen Begriffe wie obere Grenze, Schnitt, wachsende Folge oder Cauchy-Folge zu vermeiden.

Axiom IIIa. Affine Struktur jeder Geraden.
Der Ebene Π wird eine Abbildung d *von* $\Pi \times \Pi$ *in* R^+, *Distanz, Abstand oder Entfernung genannt, mit folgenden Eigenschaften zugeordnet:*
1. $d(y, x) = d(x, y)$ *für alle* $x, y \in \Pi$.
2. Für jede orientierte Gerade G, jedes $x \in G$ und jede Zahl $l \geqslant 0$ gibt es auf G einen einzigen Punkt y, so daß

$$x \leqslant y \text{ und } d(x, y) = l.$$

3. $(x \in [a, b]) \Rightarrow (d(a, x) + d(x, b) = d(a, b))$

Dieses Axiom, das die affine Struktur einer jeden Geraden von Π betrifft, wird bald durch das Axiom IIIb ergänzt werden, das eine Verbindung der affinen Strukturen verschiedener Geraden herstellt.

Unmittelbare Folgerungen
1. Nach IIIa_3 gilt für alle x,y

$$d(x, x) + d(x, y) = d(x, y), \text{ woraus } d(x, x) = 0 \text{ folgt.}$$

Ist $x \neq y$ mit $x < y$, so ergibt die Relation $x \leqslant x \leqslant y$ nach IIIa_2, daß $d(x, y) \neq 0$. Zusammengenommen folgt $(d(x, y) = 0) \Leftrightarrow (x = y)$.
2. Nach IIIa_3 gilt $(x \in [a, b]) \Leftrightarrow (d(a, x) \neq d(a, b))$. Die Gleichheit besteht nur, wenn $x = b$ ist.

9. Isomorphismus zwischen R und den zentrierten Geraden von Π

Satz 9.1. *Für jede orientierte Gerade G und für jeden Punkt* $a \in G$ *gibt es genau eine (monoton) wachsende *) Funktion* f, *die G in R abbildet, so daß*

$$f(a) = 0 \text{ und } d(x, y) = |f(y) - f(x)| \text{ für alle } x, y \in G.$$

---

*) Vgl. Anmerkung zu Kap. 18 (S. 29)

Diese Funktion f ist eine Bijektion von G auf R.

Beweis. Einzigkeit. Aus den Beziehungen, denen f genügt, folgt, indem man
$y = a$ setzt, daß $d(x, a) = |f(x)|$, und da f (monoton) wachsend und $f(a) = 0$ ist,
daß

$$f(x) = d(a, x), \text{ wenn } a < x$$
$$f(x) = -d(a, x), \text{ wenn } x < a.$$

Wir zeigen nun, daß die durch diese beiden Gleichungen definierte Abbildung f
die Bedingungen des Satzes 9.1 erfüllt. Aus Axiom $IIIa_3$ leiten wir ab, daß

$$(x \leqslant a \leqslant y) \Rightarrow (d(x, y) = d(x, a) + d(a, y) = -f(x) + f(y))$$
$$(a \leqslant x \leqslant y) \Rightarrow (d(a, y) = d(a, x) + d(x, y)) \text{ oder } f(y) = f(x) + d(x, y)$$
$$(x \leqslant y \leqslant a) \Rightarrow (d(x, a) = d(x, y) + d(y, a)) \text{ oder } -f(x) = d(x, y) - f(y).$$

In allen diesen Fällen hat man also

$$d(x, y) = f(y) - f(x) \text{ für alle } x, y, \text{ für die } x \leqslant y \text{ ist.}$$

Da $d(x, y) \geqslant 0$, so folgt aus dieser Beziehung $d(x, y) = |f(y) - f(x)|$ und
$f(x) \leqslant f(y)$ und damit das (monotone) Wachsen von f. Andererseits gilt

$$(x < y) \Rightarrow (f(y) - f(x) = d(x, y) \neq 0).$$

Also ist f eineindeutig. Schließlich zeigt $IIIa_2$ für alle $l \geqslant 0$, daß es solche x, y
gibt, daß

$$a \leqslant x \text{ und } d(a, x) = l, \text{ woraus } f(x) = l \text{ und}$$
$$y \leqslant a \text{ und } d(a, y) = l, \text{ woraus } f(y) = -l \text{ folgt.}$$

Mit anderen Worten, es ist $f(G) = R$.

Folgerungen. Nach diesem Satz ist jede mit einem Ursprung versehene orientierte
Gerade *) isomorph zu R. Dieser Isomorphismus ist eindeutig und läßt die Struktur der Geraden in bezug auf Ordnung und Distanz unverändert.

Von nun an dürfen wir in allen Fällen, in denen es uns passend erscheint, die zentrierte Gerade mit R identifizieren und wegen des Isomorphismus f alle Begriffe
und Eigenschaften von R auf diese Gerade übertragen. Genauer dürfen wir sagen:
Es ist (G, 0) eine mit dem Ursprung 0 versehene Gerade und f ihre kanonische Abbildung auf R.

---

*) Wir nennen eine mit einem Ursprung versehene Gerade auch kurz eine *zentrierte Gerade*.

1. *Die Abszisse von* x in (G, 0) ist $f(x)$; sie beträgt $d(0, x)$ oder $-d(0, x)$, je nachdem $0 < x$ oder $x < 0$.

2. *Das algebraische Maß* eines Paares (x, y) von Punkten auf (G, 0) ist die Zahl

$$xy = f(y) - f(x) = 0y - 0x.$$

Es ist $d(x, y)$ oder $-d(x, y)$, je nachdem $x \leqslant y$ oder $y \leqslant x$. Es hängt also nicht von dem auf G gewählten Ursprung ab und nimmt den entgegengesetzten Wert an, wenn man die Ordnung von G umkehrt.

Es gilt offensichtlich die Beziehung von Chasles **).

Da der Ursprung 0 während einer Rechnung auf G fest bleibt, so verwendet man oft aus Bequemlichkeit und zur Erleichterung der Rechnung für x und seine Abszisse dieselbe Bezeichnung; man kann z.B. wie in R dann $xy = y - x$ schreiben.

3. Die mit einem Ursprung versehene Gerade (G, 0) besitzt die Struktur eines Vektorraumes mit dem Ursprung 0 und der Dimension 1.

4. Auf (G, 0) ist die *Translation* a die Transformation

$$x \rightarrow x + a.$$

Sie ist eine Isometrie (Kongruenzabbildung). Eine Streckung ist eine Transformation der Form $x \rightarrow kx + a$ $(k \in R^*)$; sie ist eine Isometrie, wenn $k = 1$ (Translation) oder $k = -1$ (Spiegelung). Umgekehrt ist jede Isometrie von G auf G entweder eine Translation (Verschiebung, Schiebung) oder eine Spiegelung.

5. Die *Mitte* (der Mittelpunkt) eines Paares (x, y) verschiedener Punkte von Π ist der Punkt m von $\Gamma(x, y)$, der auf dieser mit irgendeinem beliebigen Ursprung versehenen Geraden durch $m - x = y - m$ definiert ist; es ist also der Punkt $m = \frac{1}{2}(x + y)$. Die Mitte von (x, x) ist der Punkt x.

6. Für alle x, y, z auf G gilt

$$d(x, z) \leqslant d(x, y) + d(y, z)$$

und die Gleichheit ist gleichbedeutend mit $y \in [x, z]$.

7. *Teilung* von (x, y) in einem gegebenen Verhältnis; harmonische Teilung.

8. *Homographie (projektive Abbildung) und Involution* auf der Geraden G, die durch einen unendlich fernen Punkt ergänzt wird.

**)In der französischen Literatur wird mit der Beziehung von Chasles eine Gleichung der Form $AB + BC = AC$ bezeichnet.

B. Struktur der additiven Gruppe von (Π, 0)

10. Das Übertragungsaxiom

Axiom IIIb. *Eine Beziehung zwischen den affinen Strukturen verschiedener Geraden.*

Für jedes Paar (A, B) *von parallelen Geraden und für alle Punkte* a, b, a$'$, b$'$, *für die* a, a$' \in$ A *und* b, b$' \in$ B, *verläuft die Parallele durch den Mittelpunkt von* (a, b) *auch durch den Mittelpunkt von* (a$'$, b$'$) (Bild 5).

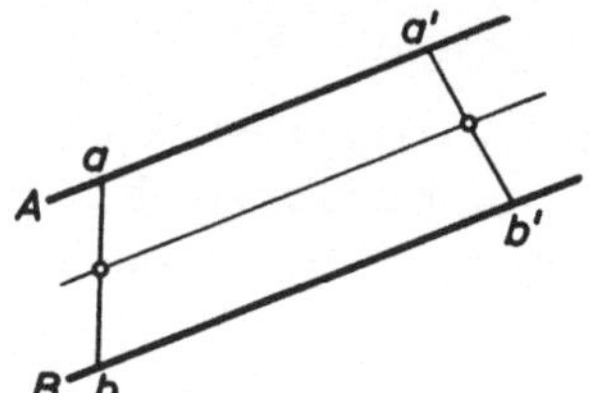

Bild 5. Axiom IIIb

Wir werden nun die Gruppen-Struktur der mit einem Ursprung versehenen Ebene Π definieren.

11. Parallelprojektionen und Parallelogramme

Hilfssatz 11.1. *Es seien* G *eine Gerade und* γ *eine Richtung, die von der Richtung von* G *verschieden ist, ferner* φ *die Parallelprojektion auf* G *parallel zu* γ. *Dann gilt*

$$(m \; \textit{Mitte von} \; (x, y)) \Rightarrow (\varphi(m) \; \textit{Mitte von} \; (\varphi(x), \varphi(y))).$$

Die Parallelprojektion läßt also die Mitteneigenschaft invariant.

Beweis. Es seien A und B die Geraden der Richtung γ, die durch x bzw. y verlaufen; nach dem Axiom IIIb geht die Gerade der Richtung γ, die durch m verläuft, auch durch die Mitte von $(\varphi(x), \varphi(y))$.

Der Hilfssatz ist also nichts anderes als eine andere Form des Axioms IIIb.

Zusatz 11.2. *In einem Achsensystem* (G_1, G_2) *seien* x, y, m *drei Punkte von* Π *mit den Komponenten* (x_1, x_2), (y_1, y_2), (m_1, m_2). *Dann gilt*

$$(m \; \textit{Mitte von} \; (x, y)) \Leftrightarrow (m_1 \; \textit{Mitte von} \; (x_1, y_1) \; \textit{und} \; m_2 \; \textit{Mitte von} \; (x_2, y_2)).$$

Definition 11.3. *Als Parallelogramm bezeichnen wir jedes Quadrupel* (a, b, a$'$, b$'$) *von Punkten von* Π, *bei dem* (a, a$'$) *und* (b, b$'$) *denselben Mittelpunkt haben. Die Paare* (a, a$'$) *und* (b, b$'$) *sind seine Diagonalen.*

Daraus ergibt sich unmittelbar, daß auch (a, b$'$, a$'$, b) ein Parallelogramm ist. Mit Hilfe des Begriffs der Punktsymmetrie können wir diese Definition noch anders fassen:

Es seien x, y, m ∈ Π. Wir sagen, daß x, y symmetrisch zu m liegen, wenn m der Mittelpunkt von (x, y) ist.

Für alle x, m ∈ Π gibt es zu jedem x ein einziges y so, daß x, y in bezug auf m symmetrisch liegen. Ist x = m, so ist y = m. Ist x ≠ m, so ist y der auf der orientierten Geraden Γ(x, m) durch **xm** = **my** definierte Punkt.

Definition 11.4. *Unter Punktspiegelung an* m *(oder in bezug auf* m*) mit* m ∈ Π *verstehen wir die Abbildung* s *von* Π *in* Π*, die jedem Punkt* x *den in bezug auf* m *symmetrischen Punkt* s(x) *zuordnet.*

Offensichtlich ist s^2 gleich der Identität; demnach ist s eine involutorische Transformation von Π. Es gilt folgende Äquivalenz:

(a, b, a′, b′ ist ein Parallelogramm) ⇔ (a′, b′ sind die punktsymmetrischen Bilder von a, b).

Danach gibt es für alle a, b, b′ ∈ Π ein einziges a′, so daß (a, b, a′, b′) ein Parallelogramm ist: Es ist der in bezug auf die Mitte von (b, b′) symmetrische Punkt von a.

Zusatz 11.5. *(Zum Hilfssatz* 11.1*). Jede Parallelprojektion eines Parallelogramms ist wieder ein Parallelogramm.*

In der Tat haben nach dem Hilfssatz 11.1 die Punktepaare $(\varphi(a), \varphi(a′))$ und $(\varphi(b), \varphi(b′))$ denselben Mittelpunkt, wenn (a, a′) und (b, b′) denselben Mittelpunkt besitzen.

12. Die Addition auf der Ebene (Π, 0) und ihre Gruppenstruktur

Definition 12.1. *Es sei* 0 *irgendein Punkt in* Π*. Wir fassen ihn als Ursprung (oder Zentrum) auf und bezeichnen das Paar* (Π, 0) *als die mit einem Ursprung versehene Ebene* *).

Unter Addition auf (Π, 0) *verstehen wir die innere auf* Π *durch* (x, y) → x ⊤ y *definierte Operation, die den Punkt* z *von* Π *ergibt, für den* (0, x, z, y) *ein Parallelogramm ist.*

Hilfssatz 12.2. G *sei irgendeine Gerade durch* 0.
a) *Auf der Geraden* G *ist die Operation* ⊤ *von* (Π, 0) *identisch mit der Addition auf der mit einem Ursprung versehenen Geraden* (G, 0).
b) *Für jede Parallelprojektion* φ *auf* G *und für alle* x, y ∈ Π *gilt* $\varphi(x ⊤ y) = \varphi(x) ⊤ \varphi(y)$.

---

*) Statt „mit einem Ursprung versehen" werden wir oft kurz „zentriert" sagen.

Beweis. **a)** Für alle x, y $\in$ G ist x T y der Punkt z von G, für den (0, x, z, y) ein Parallelogramm ist, also x + y = x T y. Daraus folgt, daß G in bezug auf T in sich übergeht und eine kommutative Gruppe bildet.

b) Nach dem Zusatz 11.5 ist die Projektion (0, φ(x), φ(x T y), φ(y)) des Parallelogramms (0, x, x T y, y) wieder ein Parallelogramm, woraus die angegebene Relation folgt.

Satz 12.3. a) *Die mit der Operation T versehene Ebene* (Π, 0) *ist eine kommutative Gruppe mit dem neutralen Element 0.*

b) *Jede durch 0 verlaufende Gerade von* Π *ist davon eine Untergruppe.*

c) *Für jedes Paar verschiedener Geraden* G_1, G_2 *durch 0 ist die Gruppe* (Π, 0) *eine direkte Summe der Untergruppen* G_1 *und* G_2, *mit anderen Worten: jedes* x $\in$ Π *kann eindeutig in der Form*

$$x = x_1 \ T \ x_2 \quad mit \ x_1 \in G_1 \quad und \ x_2 \in G_2$$

geschrieben werden. x_1 *und* x_2 *sind nichts anderes als die Komponenten von* x *in bezug auf das Achsensystem* (G_1, G_2).

d) *Jede Translation der Gruppe* (Π, 0) *führt jede Gerade durch 0 in eine parallele Gerade über; und jede Gerade von* Π *geht durch eine Translation aus einer Geraden durch 0 hervor.*

Beweis. **a)** G_1, G_2 seien zwei verschiedene Geraden durch 0. Mit φ_1, φ_2 bezeichnen wir die Projektionen auf G_1, G_2 parallel zu G_2 bzw. G_1. Nach dem Hilfssatz 2 gilt für alle x, y, z $\in$ Π und für alle i (i = 1,2)

$$\varphi_i(x \ T \ y) = \varphi_i(x) \ T \ \varphi_i(y) = \varphi_i(y) \ T \ \varphi_i(x) = \varphi_i(y \ T \ x)$$
$$\varphi_i((x \ T \ y) \ T \ z) = (\varphi_i(x) \ T \ \varphi_i(y)) \ T \ \varphi_i(z) = \varphi_i(x) \ T \ (\varphi_i(y) \ T \ \varphi_i(z)) =$$
$$= \varphi_i(x \ T \ (y \ T \ z)).$$

Daraus folgt, daß x T y und y T x in dem Achsensystem (G_1, G_2) dieselben Komponenten haben, also gleich sind. Ebenso ist (x T y) T z = x T (y T z), mit anderen Worten, T ist kommutativ und assoziativ. Schließlich ist offenbar 0 ein neutrales Element für T und für alle x $\in$ Π genügt das Spiegelbild x$'$ von x in bezug auf 0 der Relation x T x$'$ = 0, ist also in bezug auf T das inverse Element von x.

b) Der Hilfssatz 12.2 zeigt, daß jede Gerade durch 0 eine Untergruppe von (Π, 0) ist.

c) Es sei $x \in \Pi$, und es seien x_1, x_2 die Komponenten von x in dem Achsensystem (G_1, G_2). Es gilt $\varphi_1(x_1 \mathsf{T} x_2) = \varphi_1(x_1) \mathsf{T} \varphi_1(x_2) = x_1 \mathsf{T} 0 = x_1$, ebenso $\varphi_2(x_1 \mathsf{T} x_2) = x_2$, d.h. $x_1 \mathsf{T} x_2$ hat x_1 und x_2 als Komponenten, also $x_1 \mathsf{T} x_2 = x$.

Wäre umgekehrt $x = y_1 \mathsf{T} y_2$ mit $y_1 \in G_1$ und $y_2 \in G_2$, so ergäbe sich

$$x_1 = \varphi_1(x) = \varphi_1(y_1 \mathsf{T} y_2) = y_1 \mathsf{T} 0 = y_1.$$

Ebenso zeigt man $x_2 = y_2$. Die Komponentenzerlegung ist daher eindeutig.

d) G_1 sei eine Gerade durch 0, und es sei $a \in \Pi$.
Wenn $a \in G_1$, so ist $(G_1 \mathsf{T} a) = G_1$, da G_1 eine Untergruppe von Π ist.
Wenn $a \notin G_1$, so ist die Gerade G_2 durch 0 und a von G_1 verschieden, also ist (G_1, G_2) ein Koordinatensystem mit dem Ursprung 0. Es sei G_1 die Parallele zu G_1 durch a. Dann gelten folgende Äquivalenzen:

$$(x \in G_1') \Leftrightarrow (x_2 = a) \Leftrightarrow (x = a \mathsf{T} x_1 \text{ mit } x_1 \in G_1) \Leftrightarrow (x \in a \mathsf{T} G_1) \text{ d.h. } G_1' = a \mathsf{T} G_1.$$

Ist umgekehrt G_1' eine nicht durch 0 verlaufende Gerade, so sei G_1 ihre Parallele durch 0; es gilt dann, wie wir gesehen haben, $G_1' = a \mathsf{T} G_1$ für alle $a \in G_1'$.

Zur Bezeichnung. Da die Operation T der Ebene $(\Pi, 0)$ eine kommutative Gruppe erzeugt und ihre Beschränkung auf die Geraden durch 0 sich additiv schreiben läßt, werden wir sie ebenfalls additiv schreiben.

Zusatz 12.4. *Es seien* x, y, y' *drei nicht in einer Geraden liegende Punkte,* G *sei die Parallele zu* $\Gamma(x, y')$ *durch* y *und* G' *die Parallele zu* $\Gamma(x, y)$ *durch* y'. *Dann gilt*

$$((x, y, x', y') \text{ ist ein Parallelogramm}) \Leftrightarrow (x' = G \cap G').$$

Es ist dies eine unmittelbare Folge des Satzes 12.3c, wenn man x als Ursprung nimmt.

Zusatz 12.5. (a *ist Mitte von* (x, y)) $\Leftrightarrow$ ($x + y = a + a$ *oder* $2a$).
Daraus folgt, daß die Spiegelung an a die Abbildung $x \to 2a - x$ ist, daß das Produkt der Punktspiegelungen an a und b die Translation $x \to 2(b - a) + x$ von $(\Pi, 0)$ ist und daß jedes Produkt von Punktspiegelungen und Translationen von $(\Pi, 0)$ eine Punktspiegelung oder eine Translation ist, je nachdem die Anzahl der gegebenen Punktspiegelungen ungerade oder gerade ist.

Bemerkung. Der Beweis des Satzes 12.3 verwendet nirgends die Ordnungsstruktur der Ebene, sondern nur die additive Struktur auf jeder Geraden. Man kann daher erwarten, daß man mit einer schwächeren Axiomatik auskommt; wir werden im Anhang das Schema einer solchen Axiomatik andeuten.

C. Translationen der Ebene Π

13. Kennzeichnung der Translationen (Verschiebungen, Schiebungen)

Hilfssatz 13.1. a) *In der mit einem Ursprung versehenen Ebene $(\Pi, 0)$ ist der Mittelpunkt des Paares (a, a') der (eine) Punkt p, für den $2p = a + a'$.*

b) *$((a, b, a', b')$ ist ein Parallelogramm) $\Leftrightarrow$ $(a + a' = b + b')$.*

Der erste Teil des Hilfssatzes folgt unmittelbar aus der Definition der Addition, der zweite Teil aus

$$(2p = 2q) \Leftrightarrow (p = q), \text{ wobei } 2q = b + b' \text{ gesetzt wurde.}$$

Zusatz. a) *Die Mitteneigenschaft bleibt bei der Translation von $(\Pi, 0)$ erhalten.*

b) *Jede Translation von $(\Pi, 0)$ führt Parallelogramme wieder in Parallelogramme über.*

Es gilt nämlich

$$(2m = x + y) \Rightarrow (2\,(m + a) = (x + a) + (y + a)).$$

Haben also (a, a') und (b, b') denselben Mittelpunkt, so gilt dasselbe für ihre durch die Translation erzeugten Bilder.

Satz 13.2. *Die Aussage, daß eine Abbildung f von Π in Π eine Translation der Gruppe $(\Pi, 0)$ ist, ist gleichbedeutend mit der anderen Aussage, daß*

$$(x, f(x), f(y), y) \text{ für alle } x, y \in \Pi \text{ ein Parallelogramm ist.}$$

Beweis. Bezeichnet f die Translation $x \to x + a$, so gilt

$$x + f(y) = f(x) + y,$$

weil sich dies in der Form $x + (y + a) = (x + a) + y$ schreiben läßt.

Ist umgekehrt die Abbildung f so beschaffen, daß $x + f(y) = f(x) + y$ für alle x, y gilt, so liefert diese Relation für $x = 0$ die Beziehung $f(y) = f(0) + y$. Also ist f dann eine Translation.

Dieser Satz zeigt, daß die Angabe der Translation unabhängig von der Wahl eines Ursprunges ist:

Zusatz. *Für alle Punkte $a, b \in \Pi$ ist jede Translation der Gruppe (Π, a) auch eine Translation der Gruppe (Π, b).*

14. Isomorphismus der Gruppen $(\Pi, 0)$

Satz 14.1. a) *Die Translationen von $(\Pi, 0)$ bilden eine einfach transitive Gruppe *) von Transformationen von Π; diese Gruppe τ ist isomorph zu $(\Pi, 0)$ in dem Isomorphismus $a \to (\text{Translation } x \to x + a)$.*

---

*) Die Bewegungsgruppe eines metrischen Raumes heißt (einfach) transitiv, wenn sie zu jedem Punktepaar genau eine Bewegung enthält, die den einen in den anderen Punkt abbildet. Naas-Schmidt, Math. Wörterbuch, I. S. 959.

b) *Es sei f die Translation, die a in b überführt. Dann gilt für alle* a, b $\in$ Π, *daß die Abbildung* x $\rightarrow$ f (x) *ein Isomorphismus der Gruppe* (Π, a) *auf der Gruppe* (Π, b) *ist.*

Beweis. **a)** Diese Eigenschaft ist in jeder Gruppe erfüllt. Dies soll hier erneut gezeigt werden.

Wir bezeichnen mit f_a die Translation x $\rightarrow$ x + a von (Π, 0). Die Abbildung a $\rightarrow f_a$ ist eineindeutig, da

$$(a \neq b) \Rightarrow (f_a (0) \neq f_b (0)).$$

Weiterhin ist

$$f_{a+b} (x) = x + (a + b) = (x + a) + b = f_b (f_a (x)) = f_b \circ f_a (x);$$

die Abbildung a $\rightarrow f_a$ stellt also einen Isomorphismus dar.

b) Nun ist f eine Bijektion von (Π, a) auf (Π, b). Die Addition von (Π, a) bzw. (Π, b) seien mit T bzw. $\perp$ bezeichnet. Für alle x, y $\in$ Π ist (a, x, x T y, y) ein Parallelogramm, daher ist auch (b, f (x), f (x T y), f (y)) nach Hilfssatz 13.1 ein Parallelogramm, d.h. f (x T y) = f (x) $\perp$ f (y).

15. Freie Vektoren und die Chasles-Relation

Definition 15.1. *Es sei* (x, y) *ein beliebiges Punktepaar von* Π. *Als freien Vektor bezeichnen wir die diesem Paar* (x, y) *zugeordnete Translation von* Π, *die x in y überführt; wir schreiben dafür* xy.

In der Vektorsprache drücken wir die Zusammensetzung von Translationen additiv aus. Für alle x, y, z $\in$ Π haben wir xy + yz = xz. Diese Beziehung gibt an, daß das Produkt aus der Translation, die x in y überführt, und der, die y in z überführt, die Translation ist, die x in z überführt.

Allgemeiner haben wir

$$x_1 x_2 + x_2 x_3 + \ldots + x_{n-1} x_n = x_1 x_n \quad \text{(Chasles-Relation)}.$$

Insbesondere ist xx die identische Translation, die wir mit 0 bezeichnen; wir können also schreiben

$$xy + yx = 0 \quad \text{oder} \quad xy = - yx.$$

In der mit einem Ursprung versehenen Ebene (Π, 0) gilt für alle x, y, z $\in$ (Π, 0)

$$xy = (x + z) (y + z),$$

woraus insbesondere xy = 0 (y − x) folgt.

Es ist oft bequem, während der Rechnung die Menge der freien Vektoren von Π
mit den Elementen der Gruppe (Π, 0) zu identifizieren; in diesen Fällen darf man
nicht aus den Augen verlieren, daß es sich hierbei um zwei Mengen handelt, die
nicht identisch, sondern nur isomorph sind.

16. Auswirkung der Translationen auf die orientierten Geraden

Nach Satz 12.3d geht die Menge $\mathbf{G}_\gamma$ der Geraden der Richtung γ bei jeder Translation in sich über, und die Translationsgruppe über dieser Menge ist transitiv. Wir
wollen nun die Auswirkungen einer Translation auf eine orientierte Gerade betrachten.

Satz 16.1. *G sei irgendeine orientierte Gerade und f eine Translation. Ist f (G) = G,
so ist f ein Isomorphismus von G auf G (in bezug auf die Ordnung). Ist f (G) ≠ G,
so ist f ein Isomorphismus oder ein Anti-Isomorphismus von G auf f (G) (je nach
der auf f (G) gewählten Ordnung).*

Beweis. Ist f (G) = G, so bedeutet diese Beschränkung von f auf G eine Translation von G.

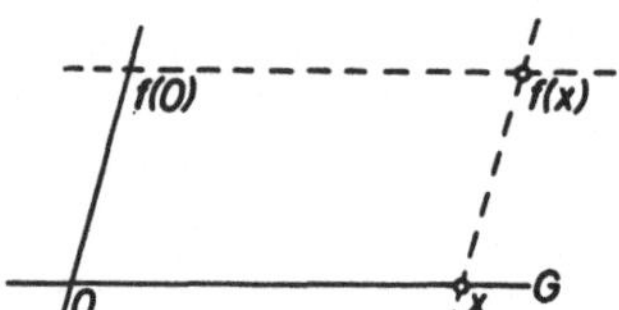

Bild 6. Zum Satz 16.1: Translation einer Geraden

f (G) ≠ G (Bild 6). Es sei 0 ein Punkt von G; dann gilt f (0) ∉ G. Für alle x ∈ G ist
(0, x, f (x), f (0)) ein Parallelogramm, also ist Γ (x, f (x)) ‖ Γ (0, f (0)); die Beschränkung von f auf G ist also nichts anderes als die Projektion auf f (G) parallel zu
Γ (0, f (0)). Also ist die Abbildung f nach Zusatz 6.3 ein Isomorphismus oder ein
Anti-Isomorphismus von G auf f (G) je nach der Orientierung von f (G).

Wir können immer f (G) so orientieren, daß f ein Isomorphismus ist.

Definition 16.2. *Wir sagen, daß zwei orientierte Geraden G und G′ gleichsinnig
parallel sind (geschrieben G ↑↑ G′), wenn eine Translation f existiert, die einen
Isomorphismus zwischen der orientierten Geraden G und der orientierten Geraden
G′ darstellt.*

Satz 16.3. a) *Die Relation ↑↑ ist eine Äquivalenzrelation auf der Menge der orientierten Geraden von Π.*

b) *Für jede Richtung γ ist die Menge $\mathbf{G}'_\gamma$ der orientierten Geraden der Richtung γ
die Vereinigung von zwei Klassen dieser Relation. Die beiden orientierten Geraden,
die jeder Geraden der Richtung γ zugeordnet sind, gehören zwei verschiedenen
Klassen an.*

Beweis. **a)** Diese Behauptung folgt unmittelbar daraus, daß das Inverse eines Isomorphismus (in bezug auf die Ordnung) wieder ein Isomorphismus ist, ebenso ist das Produkt zweier Isomorphismen wieder ein Isomorphismus.

b) Die Translationen sind transitiv auf der Menge G_γ. Nach Satz 16.1 ist G'_γ entweder eine einzige Klasse oder die Vereinigung von zwei verschiedenen Klassen. Für jede orientierte Gerade G ist jede Translation von G ein Isomorphismus von G. Daher transformiert keine Translation die Gerade G in dieselbe Gerade mit entgegengesetzter Ordnung; also gehören diese beiden orientierten Geraden zwei verschiedenen Klassen an.

Zusatz 16.4. *Sind zwei orientierte Geraden* G *und* G' *gleichsinnig parallel, so ist jede Translation, die* G *in* G' *überführt, ein Isomorphismus (in bezug auf die Ordnung) von* G *auf* G'.

Sind zwei orientierte Geraden parallel, aber nicht in gleichem Sinn, so sagen wir, daß sie gegensinnig parallel sind.

Anwendungen

16.5. Begriff der orientierten Richtung. Die orientierten Richtungen von Π sind die Klassen, die der Äquivalenzrelation ↑↑ auf der Menge G' der orientierten Geraden von Π zugeordnet sind.

16.6. Verschiebungen einer Halbgeraden. Wir versehen die Menge der abgeschlossenen Halbgeraden von Π mit der Relation A ~ B, wenn eine Translation f existiert, so daß f (A) = B. Dann sagen wir, daß A und B gleichsinnig parallel sind.

Unmittelbar ergibt sich, daß diese Relation eine Äquivalenzrelation ist. Nach der Definition der Halbgeraden und nach Satz 16.1 ist bei jeder Translation f das Bild einer Halbgeraden mit dem Ursprung a eine Halbgerade mit dem Ursprung f (a). Ferner gilt

(A ~ B) ⇔ (die A und B zugeordneten orientierten Geraden sind gleichsinnig parallel).

16.7. Verschiebungen einer Strecke. Jede Strecke bzw. jedes Intervall [a, b] ist der Durchschnitt der Halbgeraden G (a, b) und G (b, a), also ist f ([a, b]) für jede Translation f der Durchschnitt der Halbgeraden G (f (a), f (b)) und G (f (b), f (a)), d.h. gleich [f (a), f (b)]. Eine analoge Behauptung läßt sich für die offenen und halboffenen Intervalle (Strecken) aufstellen.

Daraus folgt, daß das Verschiebungsbild einer konvexen Menge wieder eine konvexe Menge ist.

D. Vektorraum-Struktur von $(\Pi, 0)$

17. Zusammenfassung und Definition des Vielfachen eines Vektors

Als Vektorraum über R bezeichnen wir bekanntlich jede kommutative Gruppe E, die mit einer äußeren Operation $(\lambda, x) \to \lambda x$, genannt Zahlenmultiplikation, welche $R \times E$ in E abbildet, versehen ist und die unter Einbeziehung der Gruppen- und Körpereigenschaften von E die folgenden Bedingungen erfüllt:

Für alle $\lambda, \mu \in R$ und für alle $x, y \in E$ gilt

(1) $\lambda(x + y) \quad = \quad \lambda x + \lambda y$

(2) $(\lambda + \mu)x \quad = \quad \lambda x + \mu x$

(3) $\lambda(\mu x) \quad = \quad (\lambda\mu) x$

(4) $\quad 1\,x \quad = \quad x$

Bisher haben wir jeder mit einem Ursprung versehenen Ebene $(\Pi, 0)$ die Struktur einer kommutativen Gruppe zugeordnet. Es bleibt uns noch die Multiplikation mit einer Zahl zu definieren. Bei dieser Definition werden wir davon ausgehen, daß es auf jeder zentrierten Geraden eine Struktur eines Vektorraumes gibt.

Definition 17. *In der zentrierten Ebene* $(\Pi, 0)$ *ist die Abbildung* $(\lambda, x) \to \lambda x$ *von* $R \times \Pi$ *in* Π *so definiert:*

a) $\lambda 0 = 0$

b) *Für jedes* $x \neq 0$ *ist* λx *das Produkt von* x *mit* λ *in dem Vektorraum der zentrierten Geraden* $\Gamma(0, x)$. *Diese Operation heißt Zahlenmultiplikation der zentrierten Ebene* $(\Pi, 0)$.

Eigenschaften der Zahlenmultiplikation von $(\Pi, 0)$

Wir wollen die Relationen (2), (3), (4) bestätigen.

Für $x = 0$ sind sie unmittelbar klar.

Für $x \neq 0$ ergeben sie sich, weil sie sich nur auf den Vektorraum auf der zentrierten Geraden $\Gamma(0, x)$ durch 0 beziehen. Vgl. Folgerung (3) des Satzes 9.1.

Für das Folgende sei noch bemerkt, daß $(-1)x = -x$ das in bezug auf die Addition symmetrische Element von x ist.

18. Linearität der Parallelprojektion

Zum Beweis der Relation (1) haben wir einen Hilfssatz nötig, den man (in Frankreich) als das Thales-Theorem *) bezeichnet.

---

*) Wir sprechen hier vom Thales-Theorem, da wir im Deutschen unter dem Satz des Thales etwas anderes verstehen (Rechtwinkelsatz). Dem Thales-Theorem entspricht der erste Strahlensatz.

Hilfssatz 18.1. *Es sei* G *eine Gerade durch* 0, *ferner* γ *eine von der Richtung von* G *verschiedene Richtung und* φ *die Parallelprojektion auf* G *parallel zu* γ. *Dann gilt für jedes* $\lambda \in R$ *und jedes* $x \in \Pi$ *die Gleichung*

(5) $\varphi(\lambda x) = \lambda \varphi(x)$.

Beweisen wir zunächst diese Beziehung für rationale λ: Für jede natürliche Zahl n ist wegen $nx = \underbrace{x + x + \ldots + x}_{n \text{ Summanden}}$

(6) $\varphi(nx) = n \varphi(x)$

erfüllt. Da $(-n)u = -(nu)$ und $\varphi(-u) = -\varphi(u)$, so ist (6) für jedes $n \in Z$ richtig.

Ist x von der Form $\frac{1}{n} y$ (mit $n \neq 0$), so wird (6) zu $\varphi(y) = n \varphi\left(\frac{1}{n} y\right)$, woraus

$\varphi\left(\frac{1}{n} y\right) = \frac{1}{n} \varphi(y)$ folgt. Wir erhalten also für alle ganzen Zahlen p, $q \neq 0$ und für alle $x \in \Pi$

$$\varphi\left(\frac{p}{q} x\right) = \varphi\left(p\left(\frac{1}{q} x\right)\right) = p \varphi\left(\frac{1}{q} x\right) = p\left(\frac{1}{q} \varphi(x)\right) = \frac{p}{q} \varphi(x).$$

Damit ist (5) für alle rationalen λ bestätigt.

Wir nehmen nun $x \neq 0$ an (der Fall $x = 0$ ist trivial).
Hat $\Gamma(0, x)$ die Richtung γ, so ist $\varphi(\lambda x) = 0$ für alle λ; damit ist (5) bestätigt.
Im anderen Falle $\varphi(x) \neq 0$ orientieren wir die Geraden $\Gamma(0, x)$ und G derart, daß $0 < x$ auf $\Gamma(0, x)$ und $0 < \varphi(x)$ auf G. Die Abbildung $\lambda \rightarrow \lambda x$ von R auf $\Gamma(0, x)$ ist eine wachsende (ansteigende) Funktion; desgleichen ist nach Zusatz 6.3 die Abbildung $y \rightarrow \varphi(y)$ von $\Gamma(0, x)$ auf G eine wachsende Funktion. Demnach ist $\lambda \rightarrow \varphi(\lambda x)$ wachsend, und das Gleiche gilt für die Funktion $\lambda \rightarrow \lambda \varphi(x)$ *).

Nun haben wir soeben gezeigt, daß diese beiden Funktionen für rationale λ übereinstimmen. Sie sind daher nach einer Eigenschaft des Körpers R, die wir hier heranziehen, identisch. Mithin gilt (5) auch für irrationale λ, d.h. für alle reellen λ.

Zusatz. *Für alle* $\lambda \in R$ *und alle* x, $y \in \Pi$ *gilt*

(1) $\lambda(x + y) = \lambda x + \lambda y$.

Beweis. Liegen x, y auf einer Geraden G durch 0, so ist die Beziehung (1) erfüllt, da die mit einem Ursprung versehene Gerade (G, 0) ein Vektorraum ist.

---

*) Die Abbildung einer (vollständig) geordneten Mänge ist eine (monoton) wachsende Funktion, wenn aus $x < y$ auch $f(x) < f(y)$ folgt. Sie ist (monoton) fallend, wenn aus $x < y$ umgekehrt $f(x) > f(y)$ folgt. Neuerdings wird vielfach eine solche Funktion im ersten Fall auch als isoton, im zweiten Fall als antiton bezeichnet. (Der Übersetzer)

Ist dies nicht der Fall, so sind die Geraden $\Gamma(0, x)$ und $\Gamma(0, y)$ verschieden. Um dann (1) zu bestätigen, genügt es zu zeigen, daß die beiden Seiten von (1) im Achsensystem $(\Gamma(0, x), \Gamma(0, y))$ gleiche Komponenten besitzen.

Es sei z.B. φ die Projektion auf $\Gamma(0, x)$ parallel zu $\Gamma(0, y)$. Nach dem Hilfssatz 18.1 ist $\varphi(\lambda(x + y)) = \lambda\,\varphi(x + y) = \lambda\,x$. Andererseits haben wir wegen $\lambda\,x \in \Gamma(0, x)$ und $\lambda\,y \in \Gamma(0, y)$

$$\varphi(\lambda x + \lambda y) = \lambda x.$$

Damit ist die obige Gleichung bewiesen.

19. Satz zur Vektorstruktur

Satz 19.1. *Die zentrierte Ebene* $(\Pi, 0)$, *in der die Addition und die Zahlenmultiplikation definiert sind, ist ein Vektorraum auf* R *der Dimension* 2, *dessen affine Unterräume von der Dimension* 1 *nichts anderes als die Geraden von* Π *sind.*

Beweis. Wir haben soeben gezeigt, daß $(\Pi, 0)$ ein Vektorraum auf R ist. Andererseits ist für alle $a \neq 0$ die Gerade $\Gamma(0, a)$ nichts anderes als die Menge der Punkte λa von Π (wobei $\lambda \in R$). Schließlich ist $(\Pi, 0)$ die direkte Summe von irgendwelchen zwei Geraden durch 0; also ist $(\Pi, 0)$ von der Dimension 2. Wir wissen bereits, daß die Geraden von Π aus den Geraden durch 0 durch Translationen hervorgehen; sie bilden also die affinen Unterräume der Dimension 1 von Π.

Anwendung 19.2. Nachdem nun $(\Pi, 0)$ die Struktur eines Vektorraumes besitzt, erlaubt die Relation (5) des Hilfssatzes 18.1 und die Additivität von φ es uns, folgendes auszusprechen:
Die Parallelprojektion φ *von* $(\Pi, 0)$ *auf* $(G, 0)$ *ist eine lineare Funktion.*

20. Basis und Koordinaten. Gleichung einer Geraden

Im Einklang mit der allgemeinen Definition bei irgendwelchen Vektorräumen ist eine Basis der zentrierten Ebene $(\Pi, 0)$ ein Paar (a_1, a_2) von Elementen von Π, die von 0 verschieden sind und nicht mit 0 in einer Geraden liegen. Alle x von Π lassen sich nun eindeutig in der Form

$$x = \xi_1 a_1 + \xi_2 a_2$$

schreiben. Die Zahlen ξ_1 und ξ_2 sind die Koordinaten von x in bezug auf die Basis (a_1, a_2). Wir erkennen sogleich, daß $\xi_1 a_1$ und $\xi_2 a_2$ die Komponenten von x in bezug auf das Achsensystem $(\Gamma(0, a_1), \Gamma(0, a_2))$ sind. Umgekehrt bezeichnen wir durch das Zahlenpaar (ξ_1, ξ_2) den Punkt x mit den Koordinaten ξ_1, ξ_2.

1. G sei die Parallele zu $\Gamma(0, a_2)$, die $\Gamma(0, a_1)$ in dem Punkt mit der ersten Koordinate α_1 trifft. Dann gilt offensichtlich

$$(x \in G) \Leftrightarrow (\xi_1 = \alpha_1).$$

Eine entsprechende Behauptung gilt für die Parallelen zu $\Gamma(0, a_1)$.

2. Es sei G eine Gerade durch 0, die von $\Gamma(0, a_1)$ und $\Gamma(0, a_2)$ verschieden ist. $b = (\beta_1, \beta_2)$ sei ein von 0 verschiedener Punkt auf G. Es gelten dann die Äquivalenzen

$$(x \in G) \Leftrightarrow (x \text{ ist von der Form } \lambda b \text{ mit } \lambda \in R) \Leftrightarrow \left(\frac{\xi_1}{\beta_1} = \frac{\xi_2}{\beta_2}\right).$$

Das Verhältnis $\dfrac{\beta_2}{\beta_1}$ heißt der *Richtungsfaktor (Richtungsparameter)* von G in der gegebenen Basis.

3. Schließlich sei G irgendeine Gerade, die nicht parallel zu einer Achse verläuft. Für jeden Punkt $a = (\alpha_1, \alpha_2)$ von G verläuft die Gerade $(G - a)$ durch 0. Indem wir mit (β_1, β_2) einen von 0 verschiedenen Punkt von $(G - a)$ bezeichnen, erhalten wir

$$(x \in G) \Leftrightarrow \left(\frac{\xi_1 - \alpha_1}{\beta_1} = \frac{\xi_2 - \alpha_2}{\beta_2}\right)$$

Daraus ergibt sich leicht, daß jede Gerade von Π eine Gleichung der Form

$$u\xi_1 + v\xi_2 + w = 0$$

besitzt, wobei u und v nicht beide gleichzeitig null sein dürfen, und daß umgekehrt jede Gleichung dieser Form eine Gerade darstellt.

21. Die zentrischen Streckungen

Beim Studium der Gruppe $(\Pi, 0)$ haben wir eine naheliegende Kennzeichnung der Translationen von $(\Pi, 0)$ gegeben, mit deren Hilfe wir den Isomorphismus der Gruppen (Π, a) und (Π, b) für alle a, b beweisen konnten.

Wir werden nun bei den Abbildungen $x \to \lambda x$ genau so vorgehen.

Definition 21.1. *Es sei $0 \in \Pi$. Dann bezeichnen wir als zentrische Streckung (Homothetie) mit dem Zentrum 0 und dem Maßstab $k \neq 0$ die Abbildung $H(0, k)$ von Π in Π, die durch $x \to kx$ gegeben ist.*

Für alle $X \subset \Pi$ bezeichnen wir mit kX die Menge der kx, für die $x \in X$.

Folgende *Eigenschaften* der Abbildung sind unmittelbar klar:

a) Das Produkt der Abbildungen $x \to kx$ und $y \to \frac{1}{k} y$ ist die Identität; ist also

$H(0, k)$ eine Abbildung von Π, so ist $H(0, \frac{1}{k})$ ihre inverse Abbildung.

b) Es gelten die Gleichungen

$$k(X + a) = kX + ka \quad \text{und} \quad k(X + Y) = kX + kY.$$

c) Für $k \neq 1$ gilt

$$(x = kx) \Leftrightarrow ((1 - k)x = 0) \Leftrightarrow (x = 0).$$

Der einzige Fixpunkt einer zentrischen Streckung mit $k \neq 1$ ist ihr Zentrum.

Satz 21.2. *Die Aussage, daß die Abbildung f von Π in Π eine zentrische Streckung mit dem Zentrum 0 ist, ist gleichbedeutend mit der Aussage, daß f (0) = 0 und für jede Gerade G die Bildgerade f (G) zu G parallel ist.*

Beweis. **a)** Es sei f eine zentrische Streckung $x \to kx$ mit dem Zentrum 0. Dann ist $f(0) = 0$ und für jede Gerade G durch 0 gilt $f(G) = G$. Ist G irgendeine Gerade, so ist $G = G' + a$, wobei G' die Parallele zu G durch 0 ist und a irgendein Punkt von G. Wir haben also

$$f(G) = kG = k(G' + a) = kG' + ka = G' + ka.$$

Danach ist $f(G)$ eine Parallele zu G' und damit auch zu G.

b) Es sei umgekehrt f eine Abbildung von Π in Π derart, daß $f(0) = 0$ und daß jede Bildgerade $f(G)$ von G zu G parallel ist.

Für jede Gerade G durch 0 ist $f(G) = G$; also gibt es für jeden Punkt $x \neq 0$ von Π eine Zahl λ_x, so daß $f(x) = \lambda_x x$. Wir werden zeigen, daß λ_x eine von null verschiedene und von x unabhängige Zahl ist.

Es seien A und B zwei verschiedene Geraden durch 0. Da $f(A) = A$, so existiert ein Punkt $a \neq 0$ auf A, so daß $f(a) \neq 0$, also $\lambda_a \neq 0$ ist. Wir bezeichnen die zentrische Streckung $H(0, \lambda_a)$ mit h.

Für jeden Punkt $b \in B$ schneiden sich die Geraden B und $\Gamma(a, b)$ und zwar in b; also schneiden sich auch ihre durch f erzeugten Bilder und zwar in $f(b)$; diese Bilder sind aber B und die Parallele zu $\Gamma(a, b)$ durch $f(a) = \lambda_a a$, sie fallen also mit den durch h erzeugten Bildern von B und $\Gamma(a, b)$ zusammen. Daher gilt

$$f(b) = h(b) = \lambda_a b.$$

Mit anderen Worten: es ist $\lambda_a = \lambda_b$ für alle $b \in B$. Vertauschen wir nun die Rollen von A und B, so folgt daraus, daß $\lambda_a = \lambda_b$ für alle $a \in A$ und alle $b \in B$, d.h. es ist λ_x auf $A \cup B$ konstant. Damit ist $\lambda_x = \lambda_y \neq 0$ für alle $x, y \neq 0$, also λ_x eine von null verschiedene Konstante, und die Behauptung bewiesen.

Zusatz 21.3. *In der zentrierten Ebene* $(\Pi, 0)$ *ist die Abbildung* f *mit*

$$x \rightarrow k(x - a) + a \qquad (wobei\ a \in \Pi\ R^*\ ist)$$

die zentrische Streckung H (a, k).

In der Tat ist f aus Translationen und zentrischen Streckungen zusammengesetzt, sie bildet jede Gerade in eine dazu parallele Gerade ab; andererseits ist f (a) = a, also ist f eine zentrische Streckung mit dem Zentrum a.

Für a = 0 ist offenbar f = H (0, k). Ist a $\neq$ 0, so geht die Gerade Γ (0, a) durch f in sich über, und auf dieser Geraden schreibt sich die Beziehung

$$y = k(x - a) + a$$

in der Form

$$\mathbf{ay} = k\ \mathbf{ax}.$$

Der Streckungsmaßstab beträgt daher k.

Den Zusatz können wir auch so aussprechen:

Zusatz 21.4. *Sind* (a, x) *und* (b, y) *zwei Punktepaare von* Π, *für die* **ax** = **by** *gilt, und bezeichnen* x' *und* y' *die Bilder von* x *und* y *in bezug auf die zentrischen Streckungen* H (a, k) *und* H (b, k), *so gilt auch* **ax**' = **by**'.

Bemerkung. Wir können nun den Satz 21.2 ergänzen:
Jede zentrische Streckung mit positivem (bzw. negativem) Maßstab führt jede orientierte Gerade in eine zu ihr gleichsinnig (bzw. gegensinnig) parallele Gerade über.

Für Geraden durch das Zentrum der Streckung ist dies unmittelbar klar. Den allgemeinen Fall führen wir durch zwei Translationen, die den Sinn der orientierten Geraden nicht ändern, auf diesen Fall zurück.

22. Isomorphie der Vektorräume $(\Pi, 0)$

Satz 22.1. *Bezeichnet* f *die Translation, die irgendeinen Punkt* a *in irgendeinen anderen Punkt* b (a *und* b $\in \Pi$) *überführt, so ist die Abbildung* x $\rightarrow$ f (x) *ein Isomorphismus des Vektorraumes* (Π, a) *auf den Vektorraum* (Π, b).

Beweis. Wir wissen bereits, daß f ein Isomorphismus für die Gruppenstruktur dieser Räume ist (Satz 14.1). Es bleibt uns nur die Identität

$$f(\lambda \cdot x) = \lambda * f(x)$$

zu beweisen, worin · und ∗ die Multiplikation von (Π, a) bzw. (Π, b) mit einer Zahl bezeichnen. Bedeutet + die Addition von (Π, a), so ist die Translation f definiert durch

$$f(u) = u + b,$$

also ist

$$f(\lambda \cdot x) = \lambda \cdot x + b.$$

Nun schreibt sich $\lambda \ast f(x)$ nach dem Zusatz 21.3 ebenfalls

$$\lambda \ast f(x) = \lambda \cdot (f(x) - b) + b = \lambda \cdot x + b,$$

was die gesuchte Identität ergibt.

23. Struktur des Vektorraumes auf der Menge der Translationen

Es sei $0 \in \Pi$. Wir bezeichnen nun mit t_a für alle $a \in (\Pi, 0)$ die Translation $x \to (x + a)$ von $(\Pi, 0)$. Satz 14 besagt, daß die Abbildung φ_0 mit $a \to t_a$ ein Isomorphismus der additiven Gruppe $(\Pi, 0)$ auf der Gruppe **T** der Translationen ist. Die Abbildung φ_0 definiert offenbar auf **T** eine einzige Vektorraumstruktur, so daß φ_0 ein Isomorphismus der Vektorräume $(\Pi, 0)$ und **T** (durch Übertragung der Struktur) ist.

Die so auf **T** definierte Vektorraumstruktur hängt nicht vom gewählten Ursprung ab: dies folgt unmittelbar aus Satz 22.1.

Mit anderen Worten: Wir haben soeben die Menge der freien Vektoren von Π mit der Struktur eines Vektorraumes versehen; diese Struktur ist so, daß die Abbildung $x \to \mathbf{0}x$ für jedes $0 \in \Pi$ ein vektorieller Isomorphismus von $(\Pi, 0)$ auf den Vektorraum der freien Vektoren von Π ist.

E. Dilatationen der Ebene

24. Kennzeichnung der Dilatationen

Definition 24.1. *Als Dilatation von* Π *wird jede Transformation von* Π *bezeichnet, die in einer der zentrierten Ebenen* $(\Pi, 0)$ *von der Form*

$$x \to kx + a \qquad (k \; skalar \; und \neq 0).$$

ist.

Es ist unmittelbar klar, daß eine solche Transformation in jeder der zentrierten Ebenen von der Form $x \to kx + a$ ist. Jede Dilatation ist offensichtlich das Produkt aus einer zentrischen Streckung und einer Verschiebung (Translation).

Satz 24.2. *Die Aussage, daß eine Abbildung von* Π *in* Π *eine Dilatation ist, ist gleichbedeutend mit der anderen Aussage, daß für alle Geraden* G *das Bild* f (G) *einer Geraden* G *eine zu* G *parallele Gerade ist.*

Beweis. Wir wählen in Π den Ursprung 0. Jedes f von der Form $x \to kx + a$ (wobei $k \neq 0$) ist das Produkt einer zentrischen Streckung und einer Verschiebung, führt also jede Gerade in eine zu ihr parallele Gerade über.

Besitzt umgekehrt f die letzte Eigenschaft, so läßt die Abbildung $x \to f(x) - f(0)$ den Punkt 0 fest und führt jede Gerade in eine zu ihr parallele Gerade über, ist also nach Satz 21.2 eine zentrische Streckung mit dem Zentrum 0; ist k der Streckungsmaßstab, so gilt $f(x) = kx + f(0)$.

Satz 24.3. *Es sei* f *eine Dilatation* $x \to kx + a$ *der Ebene* $(\Pi, 0)$. *Ist* $k = 1$, *so liegt eine Verschiebung vor; ist* $k \neq 1$, *so ist* f *eine zentrische Streckung im Maßstab* k.

In der Tat: Ist $k \neq 1$, so hat die Gleichung $x = f(x)$ eine Lösung

$$x_0 = \frac{1}{1-k} \, a,$$

d.h. nach dem Zusatz 21.3 ist f eine zentrische Streckung $H(x_0, k)$. Die Zahl k heißt der Maßstab der Dilatation.

Die Beziehung $x_0 = \dfrac{1}{1-k} a$ zeigt, was sich noch genauer ausführen läßt, daß die Translation $x \to x + a$ der Grenzfall der zentrischen Streckungen ist, wenn das Zentrum in der Richtung der Geraden $\Gamma(0, a)$ in das Unendliche strebt und der Maßstab gegen 1 geht.

25. Die Gruppe der Dilatationen

In der zentrierten Ebene $(\Pi, 0)$ seien f bzw. f' die Dilatationen

$$x \to kx + a \quad \text{bzw.} \quad x \to k'x + a'.$$

Folgendes ist nun leicht zu bestätigen:

1. Die zu f inverse Abbildung ist die Dilatation $x \to \dfrac{1}{k} x - \dfrac{1}{k} a$.

2. $f' \circ f$ ist die Dilatation $x \to k'kx + (k'a + a')$ mit dem Maßstab $k'k$.

3. $(f' \circ f = f \circ f') \Leftrightarrow (k'a + a' = ka' + a) \Leftrightarrow ((1-k)a' = (1-k')a)$

Folglich ist entweder f oder f' die Identität,

oder f und f' sind Verschiebungen (Translationen),

oder es gilt $k \neq 1$ und $k' \neq 1$ mit $\dfrac{1}{1-k} a = \dfrac{1}{1-k'} a'$, d.h. f und f' sind

Streckungen mit demselben Zentrum.

4. Gibt es eine Gerade G, so daß $f(G) = G$ und $f'(G) = G$, so ist auch $f' \circ f(G) = G$.

Sind also f und f' zwei zentrische Streckungen mit den Zentren 0 und 0' (mit $0 \neq 0'$), so ist $f' \circ f$ (und $f \circ f'$) entweder eine zentrische Streckung mit dem Zentrum auf $G = \Gamma(0, 0')$ oder eine Verschiebung parallel zu G.

Ist f eine Streckung mit dem Zentrum 0 und f' die Verschiebung $x \to x + a$ ($a \neq 0$), so sind $f' \circ f$ und $f \circ f'$ zentrische Streckungen, deren Zentren auf der Geraden $\Gamma(0, a)$ liegen. Wir fassen das Wesentliche zusammen:

Satz 25.1. *Die Dilatationen von Π bilden eine nicht kommutative Gruppe D von Transformationen; zwei Elemente von D sind nur dann vertauschbar, wenn sie beide Verschiebungen oder wenn sie beide Streckungen mit demselben Zentrum sind.*

Die Abbildung f → (Maßstab von f) ist eine Abbildung von D in die multiplikative Gruppe R.*

26. Untergruppen

1. Für jedes $a \in \Pi$ ist die Menge $H(a)$ der Streckungen mit dem Zentrum a eine kommutative Untergruppe von D, die zur multiplikativen Gruppe R* isomorph ist. Jeder Untergruppe M von R* entspricht also eine Untergruppe von $H(a)$:

$M = \{1, -1\}$ liefert die Gruppe, die aus der Identität und der Spiegelung an dem Zentrum a besteht (definiert durch $x \to 2a - x$).

$M = R_+^*$ liefert die Gruppe der Streckungen mit positivem Maßstab und dem Zentrum a.

Wir erwähnen ferner $M = Q$ und $M = \{k^n\}_{n \in z}$ (wobei $k \neq 0$).

2. Die Untergruppe **T** der Translationen und alle ihre Untergruppen. Zum Studium der Untergruppen von **T** wird bequemerweise der Isomorphismus von **T** zur additiven Gruppe R^2 verwendet; den Untergruppen $Z \times \{0\}$, $Z \times Z$, $Z \times R$ von R^2 entsprechen durch Isomorphismus interessante Untergruppen von **T**. Liegen die Punkte $a, b \in \Pi$ nicht mit 0 in einer Geraden, so entspricht der Gruppe $Z \times Z$ in **T** für jede Wahl von $a, b \in \Pi$ die Gruppe der Translationen von der Form $(pa + qb)$, wobei $p, q \in Z$.

3. Es sei φ die kanonische Abbildung von D in R*, definiert durch $f \to$ (Maßstab von f).

Für jede Untergruppe M von R* ist $\varphi^{-1}(M)$ eine invariante Untergruppe von D.

Für $M = 1$ ist $\varphi^{-1}(M)$ die Gruppe der Translationen.

Für $M = \{1, -1\}$ ist $\varphi^{-1}(M)$ die Gruppe der Translationen und Punktspiegelungen.

Für $M = R_+^*$ ist $\varphi^{-1}(M)$ die Gruppe der Dilatationen, die die Orientierung der Geraden invariant lassen.

27. Die Dilatationen von Teilmengen von Π

Gewöhnlich betrachtet man in der Elementargeometrie Paare von zentrisch liegenden Dreiecken. Wir werden allgemeiner Dilatationen irgendwelcher Teilmengen
von Π untersuchen.

Hilfssatz 27.1. *Für alle* $u, v, u', v' \in \Pi$, *für die*

$$u \neq v, \ u' \neq v', \ \Gamma(u, v) \parallel \Gamma(u', v')$$

ist, existiert eine einzige Dilatation f *von* Π *so, daß* $f(u) = u'$ *und* $f(v) = v'$.

Beweis. 1.Existenz: Eine Translation führt (u, v) in (u', v'') über, eine Streckung
mit dem Zentrum u' dann (u', v'') in (u', v'); das Produkt der beiden Dilatationen
liefert die Antwort.

2. Einzigkeit. Sind f und g zwei Lösungen, so hat die Dilation $f^{-1} \circ g$ die
Punkte u und v als Fixpunkte. Schreibt man sie in der Form $x \to kx + a$, so folgt

$$ku + a = u \ \text{und} \ kv + a = v,$$

woraus sich $(1 - k)(u - v) = 0$ ergibt. Also ist $k = 1$ und weiter $a = 0$; mit anderen
Worten $f^{-1} \circ g$ ist die Identität, d.h. $f = g$.

Satz 27.2. *Es sei* X *eine nicht geradlinige Teilmenge von* Π *und* f *eine Abbildung
von* X *in* Π.

Liegen für alle verschiedenen Punkte $x, y \in \Pi$ *die Bilder* $f(x)$ *und* $f(y)$ *auf einer
Geraden parallel zu* $\Gamma(x, y)$, *so wird entweder* $f(X)$ *auf einen Punkt reduziert oder*
f *ist die (eine) auf* X *beschränkte Dilatation von* Π.

Beweis. Erster Fall: f hat wenigstens zwei Festpunkte a, b. Für jedes $x \in X$ mit
$x \notin \Gamma(a, b)$ schneiden sich die Geraden $\Gamma(a, x)$ und $\Gamma(b, x)$ und sind parallel zu
$\Gamma(a, f(x))$ bzw. $\Gamma(b, f(x))$, woraus $f(x) = x$ folgt.
f ist also außerhalb $\Gamma(a, b)$ die Identität. Nun gibt es nach Annahme wenigstens
ein Punkt $c \notin \Gamma(a, b)$. Eine gleiche Überlegung zeigt, daß f die Identität außerhalb
$\Gamma(a, c)$ ist. Also ist f die Identität auf X!

Zweiter Fall: Wir nehmen an, daß $f(X)$ nicht auf einen Punkt reduziert wird. Dann
gibt es zwei verschiedene Punkte $a, b \in X$, so daß $f(a) \neq f(b)$. Da
$\Gamma(a, b) \parallel \Gamma(f(a), f(b))$, so existiert nach dem Hilfssatz 27.1 eine Dilatation h von Π,
so daß $h(a) = f(a)$ und $h(b) = f(b)$. Die Abbildung $h^{-1} \circ f$ von X in Π besitzt die
im Satz behaupteten Eigenschaften und hat als Fixpunkte a und b, ist also die
Identität auf X, anders ausgedrückt: f ist die auf X beschränkte Dilatation h. Die
Einzigkeit von h folgt zum Beispiel aus dem Hilfssatz 27.1.

Bemerkung. Ist X geradlinig, so hat offenbar jede Abbildung f von X auf eine
Gerade, die zur Trägergerade von X parallel ist, die im Satz genannten Eigenschaften.
Die Annahme "X nicht geradlinig" ist also wesentlich.

F. Ergänzungen

28. Einige Themen

1. Die affinen Transformationen der Ebene: Dies sind nach Definition die Abbildungen der Form $x \rightarrow l(x) + a$, wobei l eine lineare Abbildung von $(\Pi, 0)$ in $(\Pi, 0)$ ist, so daß $(l(x) = 0) \Rightarrow (x = 0)$.

Man zeigt, daß sie identisch mit den Transformationen von Π sind, die jede Gerade wieder in eine Gerade überführen.

2. Allgemeiner wird man die affinen Abbildungen f einer Ebene Π in eine andere Ebene Π' betrachten.

Man kann sich leicht eine Vorstellung von dieser Abbildung machen, wenn man ein Parallelogrammgitternetz der Ebene Π und sein durch f erzeugtes Bild in Π' betrachtet (Bild 7). Die uns umgebende Welt liefert ständig zahlreiche Veranschaulichungen: Das von den Sonnenstrahlen auf dem Fußboden erzeugte Bild eines Fensters, Vertikalprojektion einer Ebene auf eine Horizontalebene, Deformation eines Gelenkgitters (Bild 7).

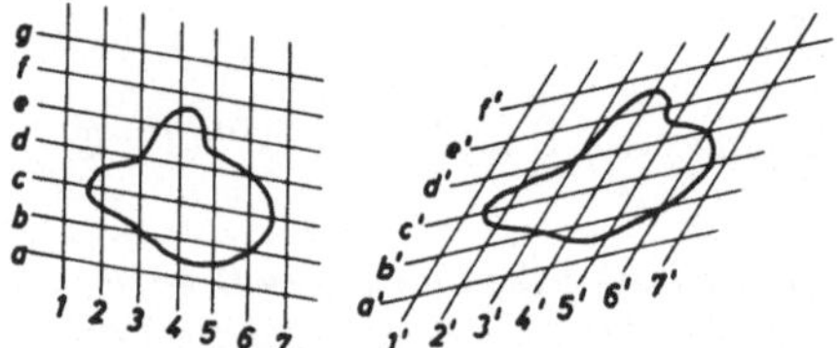

Bild 7

Affines Bild eines Parallelogrammgitters

3. Affine Abbildungen einer Ebene auf eine Gerade und Linearformen; affine Abbildungen von R in eine Ebene (Parameterdarstellungen von Geraden in Π).

4. Schwerpunkte. Ihre Invarianz für jede affine Abbildung; Anwendung auf die Betrachtung von konvexen Mengen.

29. Schrägspiegelungen

Wir werden beispielhaft zeigen, wie man mit sehr einfachen Mitteln die Schrägspiegelungen untersuchen kann.

Definition 29.1. *Es sei* A *eine Gerade und* δ *eine Richtung, die von der Richtung von* A *verschieden ist. Dann bezeichnen wir als Schrägspiegelung parallel zu* δ *mit der Achse* A *die folgendermaßen definierte Abbildung f von* Π *in* Π:
Für jedes $x \in \Pi$ *liegt* f(x) *auf der durch* x *laufenden Geraden der Richtung* δ *und die Mitte von* (x, f(x)) *auf* A.

Offensichtlich ist f^2 die Identität, d.h. f ist eine involutorische Transformation von Π.

Es sei nun B irgendeine Gerade der Richtung δ, die A in 0 schneidet. Wir bezeichnen die Koordinaten eines Punktes x von Π in dem Achsensystem (A, B) mit x_1, x_2. Die Koordinaten von f(x) sind nun x_1 und $-x_2$ (was beweist, daß f eine lineare Transformation von (II, 0) ist). Desgleichen sind, wenn g eine Schrägspiegelung parallel zu A mit der Achse B bezeichnet, $-x_1$ und x_2 die Koordinaten von g(x). Daraus folgt, daß $f \circ g$ und $g \circ f$ nichts anderes als die Abbildung

$$(x_1, x_2) \to (-x_1, -x_2)$$

ist, d.h. die Spiegelung am Zentrum 0.

Umgekehrt: Ist das Produkt zweier Schrägspiegelungen eine Spiegelung am Zentrum 0, so sind es Schrägspiegelungen an zwei Geraden durch 0; zwei derartige Schrägspiegelungen heißen **konjugiert**.

Die Relation $g \circ f = f \circ g = h$ schreibt sich auch $g = f \circ h = h \circ f$. Also ist das Produkt einer Schrägspiegelung an der Achse G und einer Punktspiegelung, deren Zentrum auf G liegt, eine zur ersten konjugierte Schrägspiegelung.

Satz 29.2. *Jede Schrägspiegelung transformiert Geraden in Geraden.*

Beweis. Mit den vorstehenden Bezeichnungen sei (a, b) mit $a \in A$ und $b \in B$ eine Basis von (II, 0). Jede Gerade G von Π besitzt eine Gleichung der Form

$$u \xi + v \eta + w = 0 \text{ (wo u und v nicht beide null sind)}.$$

Nun ist die Spiegelung f die Abbildung $(\xi, \eta) \to (\xi, -\eta)$, also lautet die Gleichung von f(G) nun $u \xi - v \eta + w = 0$, d.h. f(G) ist eine Gerade.

Daraus folgt, daß jedes Produkt von Schrägspiegelungen eine affine Abbildung von Π ist; man kann zeigen (siehe Übungen), daß die Menge dieser Produkte identisch mit der Gruppe der affinen Transformationen mit der Determinante $+1$ oder -1 (d.h. die den Flächeninhalt invariant lassen) ist. Diese spielen in der Menge der affinen Transformationen dieselbe Rolle wie die Isometrien in der Gruppe der Ähnlichkeitstransformationen. Anders ausgedrückt: Jede affine Transformation ist das Produkt von Schrägspiegelungen und einer positiven zentrischen Streckung.

Übungen zum Kapitel II

1. Es sei A eine Teilmenge der Ebene Π mit dem Symmetriezentrum 0. Trifft jede Gerade durch 0 die Teilmenge A in einer endlichen nicht verschwindenden Anzahl von Punkten, so ist 0 das einzige Symmetriezentrum von A.

2. Mit A bezeichnen wir eine Teilmenge von Π, die ein Symmetriezentrum besitzt, und mit f eine Dilatation. Es soll gezeigt werden, daß eine andere Dilatation $h \neq f$ existiert, so daß $f(A) = h(A)$.

3. $(a_1, a_2, \ldots, a_n)$ sei eine endliche Folge von Punkten von Π. Es sollen die Folgen $(x_1, x_2, \ldots, x_n)$ so bestimmt werden, daß jedes Paar (x_i, x_{i+1}) den Punkt a_i zum Mittelpunkt hat. Dabei soll $x_{n+1} = x_1$ sein.

4. Es sei A irgendeine Teilmenge von Π. Es soll gezeigt werden: Die Menge X der Symmetriezentren von A ist symmetrisch in bezug auf jeden ihrer Punkte; X ist abgeschlossen, wenn A abgeschlossen ist. Alle abgeschlossenen Mengen X von Π, die symmetrisch in bezug auf jeden ihrer Punkte sind, sollen bestimmt werden.

5. $\delta_1, \delta_2, \delta_3$ seien die drei Richtungen von drei verschiedenen Geraden; A und B seien zwei Geraden, die nicht zu δ_1 parallel sind. Für jede Gerade G_1 parallel zu δ_1 sei G_2 die Parallele zu δ_2 durch $A \cap G_1$ und G_3 die Parallele zu δ_3 durch $B \cap G_1$. Wir setzen $f(G_1) = G_2 \cap G_3$. Bestimme die Menge der Punkte $f(G_1)$.

6. Mit (A, B), (A', B') bezeichnen wir zwei Paare paralleler Geraden $(A \parallel A'$, $B \parallel B')$. Es sind alle Dilatationen zu bestimmen, die $A \cup B$ in $A' \cup B'$ überführen.

7. Es seien A, B zwei beschränkte Teilmengen von Π. Es ist zu zeigen, daß höchstens zwei Dilatationen f von Π existieren, so daß $f(A) = B$.

8. Wir betrachten eine Abbildung f von Π in Π und eine Geradenrichtung δ. Dann soll gezeigt werden: Gehören für alle Punkte $x, y \in \Pi$ mit $x \neq y$ die Punkte $f(x)$, $f(y)$ einer Parallelen zu $\Gamma(x, y)$ an und gehören für jedes $x \in \Pi$ die Punkte $x, f(x)$ einer Geraden der Richtung δ an, so ist f eine Translation.

9. Dilatationen von R

a) Man identifiziere die Dilatation $x \rightarrow kx + a$ von R mit dem Punkt (k, a) von R^2. Die Gruppe G der Dilatationen von R ist also identifiziert mit einer Teilmenge von R^2, was man noch präzisieren muß. In dieser Identifikation statte man G mit der durch R^2 eingeführten Topologie aus. Welches sind in R^2 die Bilder der Untergruppen von G, die 1. durch die Streckungen mit dem Zentrum x_0, 2. durch die Translationen gebildet werden?

b) Es ist zu zeigen: Enthält eine Untergruppe G' von G eine zentrische Streckung $H(x_0, k)$ mit $k \neq 1$ und -1 und eine Dilatation f mit $f(x_0) \neq x_0$, so ist die Menge der Zentren der Streckungen von G' im Maßstab k überall dicht auf R. Daraus ist herzuleiten, daß G' alle Translationen von R enthält, wenn G' abgeschlossen ist.

10. Es ist zu beweisen, daß jede Schrägspiegelung von Π eine Determinante mit dem Wert -1 besitzt, ferner, daß jede affine Transformation von Π mit der Determinante -1 oder 1 ein Produkt von 3 oder 4 Schrägspiegelungen ist (Beweisführung wie beim Theorem 45.6).

11. Es sind alle abgeschlossenen Gruppen von linearen Transformationen von $(\Pi, 0)$ zu bestimmen, die auf $\Pi \div \{0\}$ einfach transitiv sind.

III. Axiome der metrischen Struktur

A. Senkrechte

30. Axiome des Senkrechtstehens

Um das Axiom III auszusprechen, haben wir eine Distanz eingeführt; aber diese diente nur dazu, die Einführung der affinen Struktur der Geraden zu vereinfachen, und die durch die Axiome I, II, III definierte Ebene besitzt keine wirklich metrische Struktur. Jede der Geraden von Π ist mit einer Metrik ausgestattet, aber die Metriken der verschiedenen Geraden sind durch kein Axiom untereinander verbunden; das Axiom IIIb bringt nur die Mittelpunkte hinein, hat also affinen Charakter. Wir können diese Tatsache durch folgende Bemerkung unterstreichen:

Π sei eine den Axiomen I, II, III genügende Ebene und d ihre Distanz; ferner sei f irgendeine Abbildung der Menge **G** der Geraden von Π in $]0, \infty]$.
Für alle $x \in \Pi$ setzen wir $d'(x, x) = 0$.
Für alle $x, y \in \Pi$ mit $x \neq y$ setzen wir

$$d'(x, y) = k_{x,y} d(x, y), \text{ wobei } k_{x,y} = f(\Gamma(x, y)) d(x, y).$$

Die mit dieser Distanz d' ausgestattete Ebene Π genügt offensichtlich den Axiomen I, II, III und hat die gleiche affine Struktur wie die mit der Distanz d ausgestattete Ebene Π, obgleich die Distanz auf jeder Geraden mit einem Skalar > 0 multipliziert wird, der willkürlich von der Geraden abhängt.

Wir werden nun die Metriken der verschiedenen Geraden von Π über die Orthogonalprojektionen miteinander verknüpfen. Dafür müssen wir zunächst den Begriff der senkrechten Geraden präzisieren.

Axiom IVa (des Senkrechtstehens)
Das Senkrechtstehen (Zeichen $\perp$) ist eine binäre Relation auf der Menge der Geraden von Π mit folgenden Eigenschaften:

(1) $(A \perp B) \Leftrightarrow (B \perp A)$ *(Symmetrie der Relation)*
(2) $(A \perp B) \Rightarrow (A$ *und* B *sind nicht parallel)*
(3)   *Zu jeder Geraden A gibt es mindestens eine Gerade B, so daß $A \perp B$ ist.*
(4)   *Für jedes Paar (A, B) mit $(A \perp B)$ gilt die Äquivalenz $(B \parallel B') \Leftrightarrow (A \perp B')$.*

31. Senkrechte Richtungen

Wir werden zwei Richtungen δ, δ' als senkrecht (zueinander) bezeichnen und $\delta \perp \delta'$ schreiben, wenn es zwei Geraden G, G' mit den Richtungen δ, δ' gibt, so daß $G \perp G'$ ist. Wir definieren damit eine binäre Relation auf der Menge D der Richtungen; das Axiom IVa zeigt, daß diese Relation die folgenden Eigenschaften S' besitzt:

1. Symmetrie
2. Antireflexivität ($\delta \perp \delta$ ist unmöglich)
3. Zu jeder Richtung δ gibt es genau eine Richtung δ', so daß $\delta \perp \delta'$.

Überdies gilt

$$(G \perp G') \Leftrightarrow (\text{Richtung von } G \perp \text{Richtung von } G').$$

Besitzt umgekehrt irgendeine binäre Relation auf der Menge D der Richtungen die Eigenschaften S', so ist es die Relation, die zu einer Senkrechtrelation auf der Menge **G** der Geraden gehört. (Um dies zu bestätigen, setze man $G \perp G'$, wenn die Richtungen von G und G' senkrecht zueinander sind.)

Allgemeinheit der Senkrecht-Relation

Das eben Betrachtete erlaubt es uns, Rechenschaft abzulegen über den Grad der Allgemeinheit der Senkrecht-Relation auf **G,** die dem Axiom IVa genügt. In der Tat ist es gleichwertig, eine solche Relation auf **G** zu geben oder auf D eine Relation zu geben, die den Eigenschaften S' genügt. Das läuft darauf hinaus, eine Einteilung von D in Teilmengen zu geben, von denen jede genau zwei Elemente enthält (die aus einem Paar von senkrechten Richtungen bestehen werden).

Auf Grund dieser großen Allgemeinheit würde das Axiom IVa nichts zur metrischen Untersuchung der Ebene beitragen, wenn es nicht ergänzt würde durch das Axiom IVb, daß die Distanzen hineinbringen wird. Es ist erstaunlich, daß das letztere trotz seiner großen Einfachheit zugleich die möglichen Singularitäten der Metrik und des Senkrechtstehens vermeidet.

Kommentar. Das Axiom IVa stellt das Senkrechtstehen als einen ursprünglichen Begriff dar. Wir glauben nicht, daß daraus eine Schwierigkeit für den Unterricht entsteht, denn die Schüler haben diesen Begriff schon unter den verschiedenen Gesichtspunkten gebraucht: Falten eines Blattes Papier mit einer geradlinigen Kante, horizontale und vertikale Richtungen, kürzeste Entfernung eines Punktes von einer Geraden usw.

32. Affine Eigenschaften metrischer Erscheinungen

Trotz seines wenig einschränkenden Charakters erlaubt das Axiom IVa mühelos Sätze auszusprechen, die gewöhnlich nur in einem vorgerücktem Stadium der Geometrie formuliert und bewiesen werden:

1. Jede Dilatation bewahrt das Senkrechtstehen.
Genauer: Für jede Dilatation gilt

$$(G \perp G') \Rightarrow (f(G) \perp f(G')).$$

Dies ist offensichtlich, da $G \parallel f(G)$ und $G' \parallel f(G')$.

2. Wir bezeichnen mit *Spiegelung an der Geraden* G (oder Symmetrieachse G) die Schrägspiegelung mit der Achse G in der zu G senkrechten Richtung. Dann gilt:

Satz 32.1. *Das Produkt der Spiegelungen an den beiden senkrechten Geraden* G *und* G' *ist die Punktspiegelung in bezug auf das Zentrum* $G \cap G'$.

Dies ist in der Tat nur ein Sonderfall des Satzes über die konjugierten Schrägspiegelungen in bezug auf zwei sich schneidende Geraden; trotz seines metrischen Aussehens drückt er eine nur affine Eigenschaft aus.

33. Projektion eines von einem Punkt ausgehenden Paares von Halbgeraden

Als *Orthogonalprojektion* auf G wird die Parallelprojektion auf G bezeichnet, die senkrecht zu G erfolgt.

Es seien A_1, A_2 zwei Halbgeraden mit dem Ursprung 0, die so auf den orientierten Geraden G_1, G_2 liegen, daß $A_1 \geqslant 0$ und $A_2 \geqslant 0$.

Für jedes $x \in G_1$ bezeichne $\mathbf{0x}$ das algebraische Maß von $(0, x)$ auf der orientierten Geraden G_1; entsprechend für G_2.

Es sei φ die Orthogonalprojektion auf G_1 und a der Punkt von A_2, für den $\mathbf{0a} = 1$ ist. Man weiß, daß für jedes $\lambda \in R$

$$\varphi(\lambda a) = \lambda \varphi(a)$$

gilt. Da jedes $x \in G_2$ von der Form λa ist, so ist das für $x \neq 0$ definierte Verhältnis $\mathbf{0}\varphi(x) : \mathbf{0x}$ konstant und gleich $\mathbf{0}\varphi(a)$. Wir definieren daher:

Definition 33.1. *Mit den obigen Vereinbarungen bezeichnen wir als Projektionsmaßstab von* A_2 *auf* A_1 *den Skalar* k, *für den* $\mathbf{0}\,\varphi(x) = k \cdot \mathbf{0x}$ *(für alle* $x \in G_2$*), und schreiben ihn* $c(A_1, A_2)$.

Es ist also $c(A_1, A_2) = \mathbf{0}\,\varphi(a)$.

Daraus folgt sogleich

$$(c(A_1, A_2) = 0) \Leftrightarrow (\varphi(a) = 0) \Leftrightarrow (A_1 \perp A_2),$$

wobei $A_1 \perp A_2$ bedeutet, daß $G_1 \perp G_2$.

Ist $A_1 = A_2$, so ist $c(A_1, A_2) = 1$. Sind A_1 und A_2 entgegengesetzt, so ist $c(A_1, A_2) = -1$; das Axiom IVa erlaubt aber nicht, das Umgekehrte zu beweisen.

B. Das Skalarprodukt

34. Axiom der Symmetrie

Axiom IVb: *Für jedes Paar von Halbgeraden mit demselben Ursprung gilt*

$$c(A_1, A_2) = c(A_2, A_1).$$

Einfacher, aber weniger instruktiv lautet das Axiom:

Für jedes nicht auf einer Geraden liegende Tripel $(0, a, b)$ mit $d(0, a) = d(0, b)$ gilt $0a' = 0b'$, wenn a' bzw. b' die Orthogonalprojektionen von a und b auf $\Gamma(0, b)$ bzw. $\Gamma(0, a)$ bezeichnen. Dabei sollen die Geraden so orientiert sein, daß $0 \leqslant b$ und $0 \leqslant a$.

35. Norm und Skalarprodukt

Definition 35.1. *In der zentrierten Ebene $(\Pi, 0)$ wird als Norm von x (wobei $x \in \Pi$) die positive Zahl*

$$\| x \| = d(0, x)$$

bezeichnet.

Es ist sofort klar, daß $\| x \|$ nur null ist, wenn $x = 0$, und daß für jeden Skalar λ die Gleichung $\| \lambda x \| = |\lambda| \cdot \| x \|$ gilt, woraus insbesondere $\| -x \| = \| x \|$ folgt.

Definition 35.2. *In der zentrierten Ebene $(\Pi, 0)$ bezeichnen wir als Skalarprodukt der Vektoren x und y die reelle Zahl $x \cdot y$, die folgendermaßen definiert ist:*
a) *Ist wenigstens einer der Vektoren x, y gleich 0, so gilt*

$$x \cdot y = 0.$$

b) *Ist $x \neq 0$ und $y \neq 0$ und setzen wir $X = \Gamma(0, x)$, $Y = \Gamma(0, y)$, so ist*

$$x \cdot y = \| x \| \cdot \| y \| \cdot c(X, Y).$$

Der Einfachheit halber wird vielfach x^2 für $x \cdot x$ geschrieben.

Unmittelbare Folgerungen

1. Die Beziehung $x \cdot y = 0$ ist gleichbedeutend damit, daß entweder einer der Vektoren x, y null ist oder daß $X \perp Y$ ist. Zur Vereinfachung sagen wir, daß die Vektoren x, y von $(\Pi, 0)$ senkrecht (zueinander) sind, und schreiben $x \perp y$, wenn einer von ihnen 0 ist oder wenn bei $x \neq 0$ und $y \neq 0$ die Beziehung $X \perp Y$ besteht. Mit dieser Vereinbarung gilt

$$(x \cdot y = 0) \Leftrightarrow (x \perp y).$$

2. Es sei G irgendeine orientierte Gerade, die 0 und x enthält. Bezeichnet φ die Orthogonalprojektion auf G, so hat man

$$\mathbf{x} \cdot \mathbf{y} = \mathbf{0x} \cdot \mathbf{0}\,\varphi(\mathbf{y}).$$

Diese Relation ist evident, wenn einer der Vektoren x, y null ist. Ist dies nicht der Fall, so genügt es, die Relation zu beweisen, wenn G die orientierte Gerade $\Gamma(0, x)$ ist, da eine Änderung der Orientierung von G das Produkt $\mathbf{0x} \cdot \mathbf{0}\,\varphi(\mathbf{y})$ nicht ändert. Man hat nun

$$\mathbf{0x} = \| \mathbf{x} \| \text{ und } \mathbf{0}\,\varphi(\mathbf{y}) = \| \mathbf{y} \|\, c\,(X, Y).$$

woraus die Behauptung folgt.

Bezeichnung. In der zentrierten Ebene $(\Pi, 0)$ wird man oft $c\,(X, Y)$ durch die Bezeichnung $c\,(x, y)$ ersetzen; dies hat aber offensichtlich nur dann einen Sinn, wenn $x \neq 0$ und $y \neq 0$.

Theorem 35.3. *Die Abbildung* $(x, y) \to x \cdot y$ *von* $(\Pi, 0) \times (\Pi, 0)$ *in R ist symmetrisch und bilinear.*

Sie ist überdies positiv in dem Sinne, daß $x \cdot x > 0$ *für alle* $x \neq 0$; *genauer: für alle* x *hat man* $x \cdot x = \| x \|^2$.

Beweis. 1. Die Gleichung $x \cdot y = y \cdot x$ besteht offensichtlich, wenn einer der x, y null ist, falls nicht, so resultiert die Gleichung aus der Definition 35.2 und aus der Gleichheit $c\,(X, Y) = c\,(Y, X)$, die das Axiom IVb behauptet.

2. Für alle x ist die Abbildung $y \to x \cdot y$ von $(\Pi, 0)$ in R linear:

Ist $x = 0$, so ist dies richtig, da dann $x \cdot y = 0$ ist, gleichgültig für welches y.

Ist $x \neq 0$, so sei φ die Orthogonalprojektion auf die orientierte Gerade $\Gamma(0, x)$. Die Abbildung $y \to \varphi(y)$ von $(\Pi, 0)$ auf die mit dem Ursprung 0 versehene Gerade $\Gamma(0, x)$ ist linear. Da weiterhin die Abbildung $u \to \mathbf{0u}$ von $\Gamma(0, x)$ in R linear ist, so ist es die zusammengesetzte Abbildung $y \to \mathbf{0}\,\varphi(\mathbf{y})$, also auch $y \to \mathbf{0x} \cdot \mathbf{0}\,\varphi(\mathbf{y}) = x \cdot y$. Wegen $x \cdot y = y \cdot x$ ist die **Bilinearität des Skalarproduktes** damit nachgewiesen.

3. Die Beziehung $x \cdot x = \| x \|^2$ folgt schließlich unmittelbar aus der Definition des Skalarproduktes.

36. Identitäten und Ungleichungen

1. Aus der Bilinearität und der Symmetrie ergeben sich viele Möglichkeiten von Rechenvereinfachungen. Wir haben die Identität

$$\sum_i \alpha_i x_i \cdot \sum_j \beta_j y_j = \sum_{i,j} \alpha_i \beta_j\, x_i \cdot y_j \qquad (\alpha_i, \beta_j \in R).$$

Insbesondere ergeben sich die klassischen Identitäten

$$(a + b)^2 = a^2 + b^2 + 2\,a\,.\,b$$
$$(a - b)^2 = a^2 + b^2 - 2\,a\,.\,b,$$

woraus durch Addition und Subtraktion

$$(a + b)^2 + (a - b)^2 = 2\,(a^2 + b^2)$$
$$(a + b)^2 - (a - b)^2 = 4\,a\,.\,b$$

folgt.

2. Für das Skalarprodukt ergibt sich eine wichtige Ungleichung. Es seien x, y mit x, y $\neq$ 0 zwei Vektoren von $(\Pi, 0)$, dann gilt für jeden Skalar λ

$$(\lambda x - y)^2 = \lambda^2 x^2 - 2\,\lambda x\,.\,y + y^2 \geqslant 0.$$

Dieses Trinom von zweitem Grade in λ ist für alle λ positiv, seine Diskriminante ist also $\leqslant 0$; mit anderen Worten: für alle x, y gilt

$$(x\,.\,y)^2 \leqslant x^2 \cdot y^2 \qquad \text{oder} \qquad |\,x\,.\,y\,| \leqslant \|\,x\,\| \cdot \|\,y\,\|.$$

Dabei steht das Gleichheitszeichen nur, wenn das Trinom in λ null wird, d.h. wenn es ein λ gibt, so daß $y = \lambda x$; dann liegen 0, x, y in einer Geraden.
Zusammengefaßt:
$|\,x\,.\,y\,| < \|\,x\,\| \cdot \|\,y\,\|$, wenn 0, x, y nicht in einer Geraden liegen;
$x\,.\,y = \|\,x\,\| \cdot \|\,y\,\|$, wenn $y = \lambda x$ mit $\lambda > 0$;
$x\,.\,y = -\,\|\,x\,\| \cdot \|\,y\,\|$, wenn $y = \lambda x$ mit $\lambda < 0$.
Es ist unmittelbar klar, daß die beiden letzten Gleichungen erfüllt sind, wenn x = 0 oder y = 0. Die Beziehung $x\,.\,y = \|\,x\,\| \cdot \|\,y\,\|\,c\,(x, y)$ erlaubt es, diese Ergebnisse folgendermaßen auszusprechen:

Satz 36.1. *Es gilt für alle Vektoren* x $\neq$ 0 *und* y $\neq$ 0 *von* $(\Pi, 0)$
$(|\,c\,(x, y)\,| < 1) \Leftrightarrow (0, x, y$ *liegen nicht in einer Geraden)*
$(c\,(x, y) = 1) \Leftrightarrow$ *(die Halbgeraden* $D\,(0, x)$ *und* $D\,(0, y)$ *sind identisch)*
$(c\,(x, y) = -\,1) \Leftrightarrow$ *(die Halbgeraden* $D\,(0, x)$ *und* $D\,(0, y)$ *sind entgegengesetzt gerichtet)*.

37. Invarianz von Distanz und Skalarprodukt bei der Translation

Das soeben betrachtete Skalarprodukt ist willkürlich an einen Ursprung in der Ebene Π gekoppelt worden. Wir wollen nun zeigen, daß sein Wert nicht von der Wahl des Ursprungs abhängt, in einem Sinne, den wir noch angeben werden.

Verständlicherweise werden wir beim Beweis der Invarianz des Skalarproduktes von der Invarianz der Distanz ausgehen.

Definition 37.1. *Als Rechteck bezeichnen wir jedes Parallelogramm* (a, b, a', b')
in der zentrierten Ebene (Π, a), *in dem* $b \cdot b' = 0$ *ist (was wir auch* $b \perp b'$ *schreiben).*

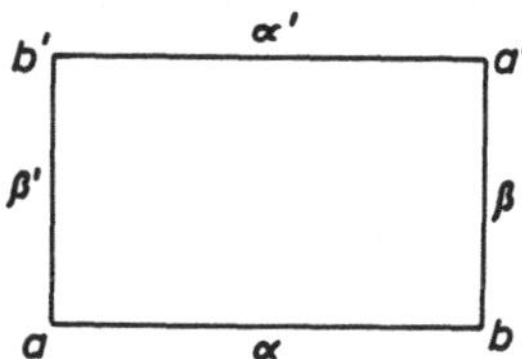

Bild 8. Rechteck

Hilfssatz 37.2. *Im Rechteck sind die Gegenseiten gleich lang.*

Beweis. In der zentrierten Ebene (Π, a) gilt (Bild 8)

$$a' = b + b' \text{ und } b \perp b',$$

woraus

$$a'^2 = (b + b')^2 = b^2 + b'^2 + 2\,b \cdot b' = b^2 + b'^2$$

oder

$$d^2\,(a, a') = d^2\,(a, b) + d^2\,(a, b')$$

folgt. Der gleiche Schluß läßt sich für jede Ecke des Rechtecks ausführen. Daraus
ergibt sich mit den Bezeichnungen der Figur (Bild 8)

$$\alpha^2 + \beta^2 = \alpha'^2 + \beta'^2 \qquad \text{und} \qquad \alpha^2 + \beta'^2 = \alpha'^2 + \beta^2$$

und durch Addition und Subtraktion

$$\alpha^2 = \alpha'^2 \text{ und } \beta^2 = \beta'^2 \,.$$

Diesen Hilfssatz können wir auch so aussprechen:
Für jede Gerade G und jede Translation f senkrecht zu G ist f, wenn wir uns auf
G beschränken, eine Isometrie, d.h. eine Abbildung, die die Distanzen invariant
läßt. Allgemeiner gilt:

Satz 37.3. *Jede Translation ist eine Isometrie.*

Beweis. Sind $x, y \in \Pi$ und ist f eine Translation $u \to u + a$ der Ebene $(\Pi, 0)$, so
wollen wir beweisen, daß

$$d\,(x, y) = d\,(f\,(x), f\,(y)).$$

Für $x = y$ ist der Satz richtig.

Ist $x \neq y$, so ist der Satz richtig, falls die Translation f parallel zu $\Gamma\,(x, y)$ (da f die
Gerade $\Gamma\,(x, y)$ in sich überführt) oder senkrecht zu dieser Geraden (nach dem
obigen Hilfssatz) erfolgt.

Es seien nun a_1, a_2 die Komponenten von a in bezug auf zwei Geraden durch 0, die parallel und senkrecht zu $\Gamma(x, y)$ liegen, und es sei f_i die Translation $u \to u + a_i$ ($i = 1,2$). Die Translation f ist dann das Produkt der Translationen f_1, f_2 parallel bzw. senkrecht zu $\Gamma(x, y)$; also sind die Distanzen der Paare (x, y) und $(f(x), f(y))$ gleich.

Zusatz 37.4. *In der zentrierten Ebene* $(\Pi, 0)$ *gilt für alle* $x, y \in \Pi$

$$d^2(x, y) = \| y - x \|^2 = (x - y)^2 .$$

In der Tat lautet Satz 37.3 in $(\Pi, 0)$ für jedes a auch

$$d(x, y) = d(x + a, y + a).$$

Insbesondere erhält man für $a = - x$

$$d(x, y) = d(0, y - x) = \| y - x \|,$$

woraus sich die Richtigkeit der Zusatzbemerkung ergibt.

Satz 37.5. *Wir bezeichnen mit f die Translation, die a in b (mit* $a, b \in \Pi$*) überführt und durch die Zeichen . und $\circ$ das Skalarprodukt in* (Π, a) *bzw.* (Π, b)*. Dann gilt für alle* $x, y \in \Pi$

$$x . y = f(x) \circ f(y).$$

Die Beziehung

$$(x + y)^2 = x^2 + y^2 + 2 x . y$$

zeigt in der Tat, daß wir $x . y$ und damit auch die Distanzen in skalaren Quadraten ausdrücken können. Da nun f die Distanzen invariant läßt, so folgt

$$x . x = f(x) \circ f(x); \quad y . y = f(y) \circ f(y);$$
$$(x + y) . (x + y) = (f(x) + f(y)) \circ (f(x) + f(y)).$$

Daraus ergibt sich die Behauptung.

Die Sätze 22.1 und 37.5 zeigen, daß die Translation f ein Isomorphismus des mit seinem Skalarprodukt versehenen Vektorraumes (Π, a) auf den Raum (Π, b) ist.

38. Skalarprodukt auf dem Vektorraum der Translationen

In Nr. 23 haben wir eine Vektorraum-Struktur auf der Menge T der freien Vektoren (oder Translationen) von Π definiert, so daß die Abbildung $x \to \mathbf{0}x$ für alle $0 \in \Pi$ ein vektorieller Isomorphismus von $(\Pi, 0)$ auf T ist.

Für ein festes 0 definiert die Abbildung x → **0x** offensichtlich (durch Übertragung der Struktur) ein Skalarprodukt auf T. Der Satz 37.5 zeigt, daß dieses Skalarprodukt nicht vom gewählten Ursprung 0 abhängt. Dies können wir ausdrücken, indem wir feststellen, daß für jeden

$$x \cdot y = 0x \cdot 0y$$

gilt, wobei die Skalarprodukte auf beiden Seiten der Gleichung in (Π, 0) bzw. in T genommen sind.

Ein Ausdruck wie **ab** . **xy** hat von nun an einen klaren Sinn. Falls man in Π einen Ursprung 0 gewählt hat, ist es oft bequem, gleichzeitig die Bezeichnungen der Ebene (Π, 0) und die des Raumes T zu verwenden, was darauf hinausläuft, die beiden Mengen durch die Abbildung x → **0x** zu identifizieren.

So wird man z.B.

$$\mathbf{xy} = \mathbf{0x} - \mathbf{0y} = y - x$$

und

$$d^2(x, y) = (\mathbf{xy})^2 = (y - x)^2 = y^2 - 2 x \cdot y + x^2$$

schreiben.

C. Elementare metrische Eigenschaften

39. Metrische Eigenschaften bei Parallelogrammen und Dreiecken

Satz 39.1a). *Im Parallelogramm ist die Summe der Quadrate der Diagonalen gleich der Summe der Quadrate der Seiten.*

b) *Die Behauptung, daß ein Parallelogramm ein Rechteck ist, ist gleichbedeutend mit der anderen, daß seine Diagonalen gleich lang sind.*

Beweis. Zur Vereinfachung wählen wir eine Ecke als Ursprung 0; das Parallelogramm ist dann von der Form (0, x, x + y, y).
Die Identität $(x + y)^2 + (x - y)^2 = 2(x^2 + y^2)$ beinhaltet die erste Eigenschaft.
Aus der Identität $(x + y)^2 - (x - y)^2 = 4 x \cdot y$ folgt
$(\| x + y \| = \| x - y \|) \Leftrightarrow (x \cdot y = 0) \Leftrightarrow ((0, x, x + y, y)$ ist ein Rechteck)

Satz 39.2. *Es sei* (a, b, c) *irgendein Dreieck in* Π *mit* a $\neq$ b *und* a $\neq$ c, *ferner seien* α, β, γ *seine Seiten und* k *der Projektionsmaßstab der Halbgeraden* D (a, b), D (a, c). *Dann gilt*

$$\alpha^2 = \beta^2 + \gamma^2 - 2k\beta\gamma,$$

insbesondere

$$(\alpha^2 = \beta^2 + \gamma^2) \;\Leftrightarrow\; (D(a, b) \perp D(a, c)).$$

In der Tat können wir in der Ebene (Π, a)

$$\alpha^2 = d^2(b, c) = (c - b)^2 = c^2 + b^2 - 2\,c \cdot b = \beta^2 + \gamma^2 - 2\,k\beta\gamma$$

schreiben. Andererseits ist wegen $\beta\gamma \neq 0$

$$(k\beta\gamma = 0) \;\Leftrightarrow\; (k = 0) \;\Leftrightarrow\; D(a, b) \perp D(a, c).$$

Wir erkennen hierin den Satz des Pythagoras wieder, von dem wir im Anhang 1 einen Beweis ohne explizite Verwendung des Skalarproduktes bringen werden.

Satz 39.3. *Für alle* $x, y \in (\Pi, 0)$ *gilt*

$$\| x + y \| \leqslant \| x \| + \| y \|.$$

Das Gleichheitszeichen steht nur, wenn $x \in [0, y]$ *oder* $y \in [0, x]$.

Beweis. Der Fall $x = 0$ oder $y = 0$ ist trivial; wir nehmen also $x \neq 0$ und $y \neq 0$ an. Ferner setzen wir $\alpha = \| x \|$, $\beta = \| y \|$, $\gamma = \| x + y \|$. Es gilt nun

$$\gamma^2 = \alpha^2 + \beta^2 + 2\,\alpha\beta\,c(x, y) \leqslant \alpha^2 + \beta^2 + 2\,\alpha\beta = (\alpha + \beta)^2,$$

wobei das Gleichheitszeichen nur für $c(x, y) = 1$ zutrifft, d.h. es ist $\gamma \leqslant \alpha + \beta$ und die Gleichheit tritt nur ein, wenn $x \in [0, y]$ oder $y \in [0, x]$ ist.

Zusatz 39.4. *Für alle* $x, y, z \in \Pi$ *gilt* $d(x, y) \leqslant d(x, z) + d(z, y)$, *wobei die Gleichheit nur im Falle* $z \in [x, y]$ *besteht.*

In der Tat schreibt sich die gesuchte Relation in der zentrierten Ebene (Π, z)

$$\| x - y \| \leqslant \| x \| + \| y \|.$$

Die Behauptung folgt also aus Satz 39.3, indem y in $-y$ geändert wird.

Dieser Zusatz kann auch direkt ausgehend von der Relation

$$\alpha^2 + \beta^2 - 2\,\alpha\beta\,c(x, y) \leqslant \alpha^2 + \beta^2 + 2\,\alpha\beta = (\alpha + \beta)^2$$

bewiesen werden, die nur für $c(x, y) = -1$ eine Gleichung wird, d.h. für $0 \in [x, y]$.

Satz 39.5. *Für jedes Tripel* (α, β, γ) *von Zahlen* $\geqslant 0$ *sind die folgenden Behauptungen gleichwertig:*

a) *Es existiert ein Dreieck mit den Seiten* α, β, γ.
b) *Die größte dieser Zahlen ist höchstens gleich der Summe der beiden anderen.*
c) *Jede dieser Zahlen ist höchstens gleich der Summe der beiden anderen Zahlen.*
d) $| \alpha - \beta | \leqslant \gamma \leqslant \alpha + \beta$.

Beweis. Wir werden diese Äquivalenzen durch die folgenden Implikationen nachweisen:

$$a \Rightarrow b \Rightarrow c \Rightarrow d \Rightarrow a$$

1. Die Implikation ($a \Rightarrow b$) folgt aus dem Zusatz 39.4.

2. Es ist offensichtlich ($b \Rightarrow c$), denn sind z.B. $\alpha \leqslant \gamma$ und $\beta \leqslant \gamma$, so hat man
$\alpha \leqslant \beta + \gamma$ und $\beta \leqslant \gamma + \alpha$.

3. ($c \Rightarrow d$), denn die Relationen $\alpha \leqslant \beta + \gamma$ und $\beta \leqslant \alpha + \gamma$ schreiben sich auch in
der Form $\alpha - \beta \leqslant \gamma$ und $\beta - \alpha \leqslant \gamma$, woraus $| \alpha - \beta | \leqslant \gamma$ folgt; und die Relation
$\gamma \leqslant \alpha + \beta$ ist nach Voraussetzung erfüllt.

4. ($d \Rightarrow a$) ist für $\alpha = 0$ oder $\beta = 0$ offensichtlich erfüllt; wir nehmen also $\alpha \neq 0$ und
$\beta \neq 0$ an. Die Relation

$$| \alpha - \beta | \leqslant \gamma \leqslant \alpha + \beta$$

schreibt sich dann auch

$$\alpha^2 + \beta^2 - 2\,\alpha\,\beta \leqslant \gamma^2 \leqslant \alpha^2 + \beta^2 + 2\,\alpha\,\beta$$

oder

$$\gamma^2 = \alpha^2 + \beta^2 - 2k\,\alpha\,\beta, \qquad \text{wobei} -1 \leqslant k \leqslant 1.$$

Nehmen wir für einen Augenblick an, daß ein Paar (A, B) von Halbgeraden mit
dem Ursprung 0 existiert, so daß $c(A, B) = k$. Es sei nun x der Punkt von A, für
den $d(0, x) = \alpha$, und y der Punkt von B, für den $d(0, y) = \beta$.
Die Relation $d^2(x, y) = \alpha^2 + \beta^2 - 2\,\alpha\,\beta\,c(A, B) = \alpha^2 + \beta^2 - 2k\,\alpha\,\beta$ zeigt, daß das
Dreieck $(0, x, y)$ die Seiten α, β, γ besitzt. Es bleibt nur noch die Existenz des
Paares (A, B) zu zeigen:

Hilfssatz 39.6. *Für jede Zahl* $k \in [-1, 1]$ *existiert ein Paar* (A, B) *von Halbgeraden
mit dem Ursprung 0, so daß* $c(A, B) = k$ *ist.*

Beweis. Es seien U, V zwei senkrechte orientierte Geraden durch 0 und b der
Punkt mit den Koordinaten $(k, \sqrt{1 - k^2})$ in dem Achsensystem (U, V).
Die gesuchten Halbgeraden A, B sind die positive Halbgerade von U und die Halbgerade $G(0, b)$; was man sofort bestätigt.

Kommentar. Diese Konstruktion benutzt wesentlich die Existenz der Quadratwurzel
$\sqrt{1 - k^2}$; der Hilfssatz kann daher in gewissen Ebenen, die den Axiomen I, II, III,
IV genügen, für die aber der Körper R durch einen passenden Unterkörper K von R
ersetzt wird, nicht mehr gelten.
Es sei zum Beispiel K ein Unterkörper von R, so daß

$$(x \in K \text{ und } y \in K) \Rightarrow (\sqrt{x^2 + y^2} \in K)$$

und so daß eine Zahl $a > 0$ in K mit $\sqrt{a} \notin K$ existiert. Man definiert nun in durchsichtiger Weise auf K^2 eine Struktur der Ebene, die den Axiomen I, II, III, IV genügt. In dieser Ebene ist der vorstehende Hilfssatz unzutreffend, da die Zahl

$\sqrt{1 - k^2}$ nicht in K vorkommt, wenn man $k = \dfrac{1 - a}{1 + a}$ setzt.

Man kann beweisen, daß ein solcher Körper K existiert. Deshalb muß man im Unterricht von diesem Augenblick ab klar auseinandersetzen, daß man die Existenz der Quadratwurzel aus jeder positiven Zahl zuläßt. Man wird so später bei der Betrachtung des Schnittes zweier Kreise die sinnlosen Pseudo-Beweise vermeiden, die auf nicht erklärten Stetigkeitsbegriffen gegründet sind.

40. Orthogonalprojektion

Satz 40.1. *Es seien G eine Gerade,* $a \in \Pi$ *und* p *die Orthogonalprojektion von* a *auf* G.
a) *Für alle* $x, y \in G$ *folgt*

$$(d(p, x) = d(p, y)) \;\Leftrightarrow\; (d(a, x) = d(a, y)).$$

b) G_1 *sei eine der Halbgeraden von* G *mit dem Ursprung* p. *Die Abbildung* $x \to d(a, x)$ *von* G_1 *in* R *ist streng (monoton) wachsend.*

Beweis. Die beiden Behauptungen folgen unmittelbar aus

$$d^2(a, x) = d^2(a, p) + d^2(p, x).$$

Falls man weiß, daß jede positive Zahl eine Quadratwurzel besitzt, so kann man sogar hinzufügen, daß die Funktion $x \to d(a, x)$ die Halbgerade G_1 eineindeutig auf $[d(a, p), \infty[$ abbildet.

Zusatz 40.2. *Die Distanz* $d(a, x)$ *nimmt nur für* $x = p$ *ein Minimum an.*
Zusatz 40.3. *Es sei G eine Gerade und* $a \in G$ *und* $b \notin G$:

$$(G \perp \Gamma(a, b)) \;\Leftrightarrow\; (d(a, b) \leqslant d(b, x) \textit{ für jedes } x \in G).$$

Zusatz 40.4. *Für alle* $a, b, c \in \Pi$ *und jedes* $x \in [b, c]$ *gilt*

$$d(a, x) \leqslant \sup(d(a, b), d(a, c)).$$

Satz 40.5. *Bei einer Orthogonalprojektion auf eine Gerade verkleinern sich die Distanzen.*

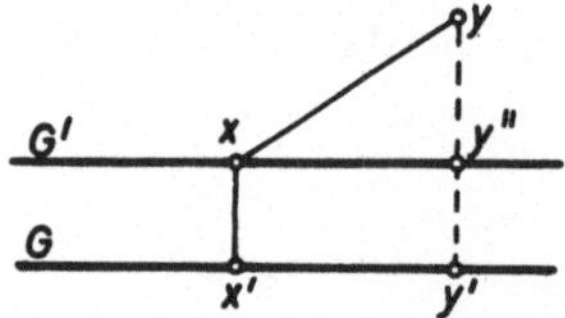

Bild 9. Zum Satz 40.5 über Orthogonalprojektion

Beweis. Es sei G eine Gerade und x, y $\in \Pi$. Wir bezeichnen mit G' die Parallele zu G durch x, mit x', y' die Projektionen von x, y auf G und mit y'' die Projektion von y auf G' (Bild 9). Im Rechteck (x, y'', y', x') gilt $d(x', y') = d(x, y'')$, im rechtwinklichen Dreieck (x, y, y'') gilt $d(x, y'') \leqslant d(x, y)$. Daraus folgt $d(x', y') \leqslant d(x, y)$, und die Gleichheit besteht nur dann, wenn x, y auf einer Parallelen zu G liegen.

41. Mittelsenkrechte

Definition 41.1. *Wir bezeichnen für alle* a, b $\in \Pi$ *mit* a $\neq$ b *als Mittelsenkrechte des Paares* (a, b) *die Gerade, die durch die Mitte von* (a, b) *und senkrecht zu* $\Gamma(a, b)$ *verläuft.*

Satz 41.2. *Es seien* a, b $\in \Pi$ *und* a $\neq$ b, 0 *der Mittelpunkt von* (a, b) *und* G *die Mittelsenkrechte von* (a, b). *Dann gilt für jedes* x $\in \Pi$

$$d^2(x, b) - d^2(x, a) = 4\, l\, \xi,$$

wobei $l = d(0, a)$ *und* ξ *die Abzisse von* x *auf der durch* $0 < a$ *orientierten Geraden* $\Gamma(a, b)$ *im Achsensystem* $(\Gamma(a, b), G)$ *ist (Bild 10).*

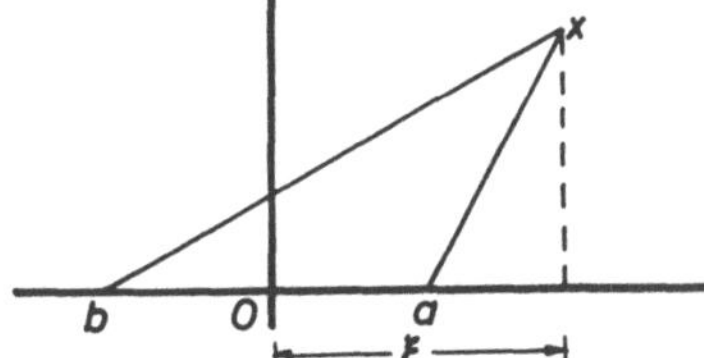

Bild 10

Zum Satz 41.2 über eine metrische Eigenschaft der Mittelsenkrechten

Beweis. In der Tat besteht in der Ebene $(\Pi, 0)$ die Gleichung

$$d^2(x, b) - d^2(x, a) = (x - b)^2 - (x - a)^2 = (x + a)^2 - (x - a)^2 = 4\, a \cdot x = 4\, l\, \xi.$$

Zusatz 41.3. G *sei die Mittelsenkrechte von* (a, b), *und es seien* Π_a, Π_b *die offenen Halbebenen zu* G, *die a bzw. b enthalten. Je nachdem* x *in* Π_b, *auf* G, *in* Π_a *liegt, gilt*

$$d(x, b) < d(x, a); \qquad d(x, a) = d(x, b); \qquad d(x, b) > d(x, a).$$

Je nach der Lage von x ist nämlich $\xi < 0$; $\xi = 0$; $\xi > 0$, worauf man den Satz 41.2 anwendet.

Zusatz 41.4. *Für jedes* k $\in$ R *ist die Menge der Punkte* x *von* Π, *für die*

$$d^2(x, b) - d^2(x, a) = k$$

ist, die Senkrechte zu $\Gamma(a, b)$, *die* $\Gamma(a, b)$ *im Punkt mit der Abszisse* $\xi = \dfrac{k}{4\, l}$ *trifft.*

42. Trägheitsmomente

Definition 42.1. *Als System von Massenpunkten von* Π *bezeichnen wir jede endliche Familie von Paaren* (a_i, α_i) *mit* $a_i \in \Pi$ *und* $\alpha_i \in R$.

Für jedes $x \in \Pi$ *bezeichnen wir als Trägheitsmoment dieses Systems in bezug auf* x *die Zahl*

$$f(x) = \sum_i \alpha_i \; d^2(x, a_i).$$

Satz 42.2. *Es sei* $(a_i, \alpha_i)_{i \in I}$ *ein System von Massenpunkten von* Π.

a) *Falls* $\Sigma \alpha_i = 0$, *ist das Trägheitsmoment* f *des Systems eine affine Funktion des Punktes* x; *genauer: in einer zentrierten Ebene* $(\Pi, 0)$ *gilt*

$$f(x) = \Sigma \alpha_i \, a_i^2 - 2 \, (\Sigma \alpha_i \, a_i) \cdot x$$

Es ist also eine Konstante, wenn überdies $\Sigma \alpha_i \, a_i = 0$ *ist.*

b) *Falls* $\Sigma \alpha_i \neq 0$ *ist, so sei* a *der Schwerpunkt des Systems; dann ist*

$$f(x) = (\Sigma \alpha_i) \, d^2(a, x) + \Sigma \alpha_i \, d^2(a, a_i).$$

Beweis. In der Tat hat man

$$f(x) = \Sigma \alpha_i (x - a_i)^2 = (\Sigma \alpha_i) \, x^2 - 2 \, (\Sigma \alpha_i \, a_i) \cdot x + \Sigma \alpha_i \, a_i^2.$$

Daraus folgt die erste Beziehung, falls $\Sigma \alpha_i = 0$. Wenn $\Sigma \alpha_i \neq 0$ ist, so ist $\Sigma \alpha_i \, a_i = 0$, wenn man a als Ursprung nimmt, woraus die gesuchte Relation folgt.

Zusatz 42.3. a) *Falls* $\Sigma \alpha_i = 0$ *und* $\Sigma \alpha_i \, a_i \neq 0$, *so ist die Menge der* x *mit* $f(x) = h$ *eine zu* $\Sigma \alpha_i \, a_i$ *senkrechte Gerade.*

b) *Ist* $\Sigma \alpha_i \neq 0$, *so hat* $f(x)$ *entweder genau ein Minimum oder genau ein Maximum im Schwerpunkt* a, *je nachdem* $\Sigma \alpha_i$ *positiv oder negativ ist.*
Die Menge der x, *für die* $f(x) = h$ *ist, ist entweder ein Kreis mit dem Zentrum* a, *oder die Menge* $\{a\}$ *oder* ϕ.

Sonderfall. Setzt sich das System aus den Punkten a, b mit den Massen $1, 1$ oder $1, -1$ zusammen, so finden wir die früheren Ergebnisse wieder (Sätze 39.1 und 41.2).

43. Skalarprodukt und Distanz bei beliebiger Basis

Es sei (a_1, a_2) eine Basis der zentrierten Ebene $(\Pi, 0)$, und es seien (ξ_1, ξ_2), (ξ_1', ξ_2') die Koordinaten der Vektoren x, x' in bezug auf diese Basis. Die Relationen

$$x = \xi_1 a_1 + \xi_2 a_2; \quad x' = \xi_1' a_1 + \xi_2' a_2$$

ergeben

$$x \cdot y = \xi_1 \xi_1' a_1^2 + \xi_2 \xi_2' a_2^2 + (\xi_1 \xi_2' + \xi_2 \xi_1') a_1 \cdot a_2.$$

Für $x = y$ erhalten wir die quadratische Form, die $\| x \|^2$ als Funktion von ξ_1, ξ_2 ausdrückt.

Die Formeln vereinfachen sich sehr, wenn (a_1, a_2) eine orthonormale Basis ist, d.h. wenn

$$\| a_1 \| = \| a_2 \| = 1 \qquad \text{und} \qquad a_1 \perp a_2.$$

Dann haben wir

$$x \cdot y = \xi_1 \xi_1' + \xi_2 \xi_2' \quad \text{und} \quad \| x \|^2 = x \cdot x = \xi_1^2 + \xi_2^2.$$

IV. Isometrien. Ähnlichkeitsabbildungen. Spiegelungen einer Menge

A. Isometrien

In der metrischen Geometrie der Ebene sind diejenigen Transformationen am bedeutsamsten, die sowohl die affine wie die metrische Struktur der Ebene unverändert lassen.

Unter diesen spielen die Achsenspiegelungen eine bevorzugte Rolle; man könnte sogar, — wir werden dies im Anhang A zeigen —, die Axiomatik der Ebene auf den Achsenspiegelungen aufbauen. In der Tat: einerseits umfassen sie die Gruppe der Isometrien, andererseits schematisieren sie sehr einfache konkrete Operationen, wie das Falten eines Blattes Papier, die Umwendung einer ebenen Figur um eine Gerade, die Reflexion an einem Spiegel.

44. Achsenspiegelungen und Punktspiegelungen

In Kap. II haben wir die Schrägspiegelung mit der Achse A und der Richtung δ definiert. Wir wollen nun hier den besonderen Fall betrachten, daß δ senkrecht zu A ist. Dazu definieren wir erneut eine solche Spiegelung unter Verwendung des Begriffs der Mittelsenkrechten.

Definition 44.1. *Es sei* A *eine Gerade von* Π. *Als Spiegelung an* A *(oder an der Achse* A*) bezeichnen wir die Abbildung* f *von* Π *in* Π, *die so definiert ist:*
Für $x \in A$ *ist* $f(x) = x$. *Ist* $x \notin A$, *so ist* $f(x)$ *der eindeutig bestimmte Punkt, für den* A *die Mittelsenkrechte von* $(x, f(x))$ *ist.*

Zur Vereinfachung bezeichnen wir die Spiegelachse A durch (A).

Wie bei jeder Schrägspiegelung ergibt sich, daß f^2 die Identität, f also eine involutorische Transformation von Π ist.

Satz 44.2. *Jede Achsenspiegelung ist eine affine Transformation von* Π, *sie ist überdies eine Isometrie.*

Beweis. Die erste Eigenschaft ergibt sich als Sonderfall des Satzes 29.2. Es sei nun A die Achse der Spiegelung f und B eine Senkrechte zu A. Hat ein Punkt x in dem Achsensystem (A, B) die Komponenten (x_1, x_2), so hat der Punkt $f(x)$ die Komponenten $(x_1, -x_2)$. Infolgedessen gilt für alle $x, y \in \Pi$

$$(f(x) - f(y))^2 = (x_1 - y_1)^2 + (x_2 - y_2)^2 = (x - y)^2.$$

Nach dieser Gleichung ist f eine Isometrie.

Zusatz 44.3. *Jede Achsenspiegelung bildet jede Halbgerade in eine Halbgerade, jede Strecke in eine Strecke ab (und daher auch jede konvexe Menge in eine konvexe Menge).*

Dies folgt entweder aus dem affinen Charakter der Spiegelung oder aus der Invarianz der Entfernungen (Distanzen). Noch einfacher kann man dies aus der Beziehung

$$(x_1, x_2) \to (x_1, -x_2)$$

herleiten.

Zusatz 44.4. *Jede Achsenspiegelung bildet jedes Paar senkrechter Geraden in ein Paar senkrechter Geraden ab.*

In der Tat: Die Achsenspiegelung läßt die Distanzen invariant. Das Senkrechtstehen zweier Geraden kann aber durch Distanzausdrücke gekennzeichnet werden (Satz des Pythagoras oder Distanzminimum: Zusatz 40.3).

Satz 44.5. *Es seien* A, B *zwei durch* 0 *gehende senkrechte Geraden. Das Produkt der Achsenspiegelungen an* A *und* B *ist die Punktspiegelung am Zentrum* 0.

Das Produkt aus der Spiegelung an der Achse A *und der Punktspiegelung an* 0 *ist die Achsenspiegelung an* B.

Siehe Satz 32.1.

Zusatz. *Jede Punktspiegelung ist eine Isometrie.*

Satz 44.6. *Das Produkt aus zwei Spiegelungen an parallelen Achsen ist eine Translation senkrecht zu diesen Achsen.*

Das Produkt aus einer Spiegelung an einer Achse A *und einer Translation senkrecht zu* A *ist eine Spiegelung an einer zu* A *parallelen Achse.*

Beweis. Es seien A und B zwei parallele Geraden und (A_1, A_2) ein System von senkrechten Achsen mit $A_1 \parallel A$.

Die Spiegelung an A schreibt sich $(x_1, x_2) \to (x_1, 2a_2 - x_2)$, die an B analog. Das Produkt (B) $\circ$ (A) dieser beiden Spiegelungen ist also die Translation

$$(x_1, x_2) \to (x_1, x_2 + 2(b_2 - a_2)) = (x_1, x_2) + (0, 2(b_2 - a_2)).$$

Der zweite Teil der Behauptung ergibt sich in gleicher Weise.

Zusatz. *Jede Translation ist das Produkt von zwei Spiegelungen an Achsen senkrecht zu dieser Translation; die erste (oder die zweite) dieser Achsen kann eine beliebige zur Translation senkrechte Gerade sein.*

Die Beziehung $t \circ s_1 = s_2$ ist in der Tat gleichwertig mit $t = s_2 \circ s_1$, und ebenso ist $s_1 \circ t = s_2$ gleichwertig mit $t = s_1 \circ s_2$.

Mit Hilfe der Achsenspiegelungen können wir nun irgendwelche Isometrien von Π betrachten.

45. Isometrien

Bisher haben wir einige Isometrien der Ebene betrachtet; nun werden wir die Isometrien systematisch untersuchen.

Definition 45.1. *Es sei* $X \subset \Pi$, *und es sei f eine Abbildung von X in* Π. *Wir sagen, daß f eine Isometrie von X ist, wenn für alle* $x, y \in X$

$$d(f(x), f(y)) = d(x, y)$$

gilt.

Es ist klar, daß jede Isometrie eineindeutig ist, daß die Beschränkung einer Isometrie von X auf eine Teilmenge Y von X eine Isometrie von Y ist und daß die Resultierende von zwei Isometrien wieder eine Isometrie ist.

Die Translationen, die Achsenspiegelungen, die Punktspiegelungen sind Beispiele von Isometrien von Π auf Π.

Wir werden nun stufenweise vier Sätze beweisen, die zu einem wichtigen Theorem führen.

Satz 45.2. *Jede Isometrie f von* $X \subset \Pi$ *in* Π, *die mindestens drei nicht kollineare Fixpunkte besitzt, ist die Identität.*

Beweis. Sind a_1, a_2, a_3 die Fixpunkte, so gilt für alle $x \in X$

$$d(x, a_i) = d(f(x), f(a_i)) = d(f(x), a_i) \qquad (i = 1, 2, 3).$$

Es kann daher unmöglich $x \neq f(x)$ sein, es sei denn, daß die Mittelsenkrechte von $(x, f(x))$ jeden der drei Punkte a_i enthielte, was nach Voraussetzung ausgeschlossen sein soll.

Satz 45.3. *Für jedes* $X \subset \Pi$ *ist jede Isometrie f von X in* Π, *die mindestens zwei verschiedene Fixpunkte* a_1, a_2 *hat, entweder die Identität oder die Achsenspiegelung an* $\Gamma(a_1, a_2)$.

Ist nämlich f nicht die Identität, so gibt es ein $a_3 \in X$, so daß $a_3 \neq f(a_3)$ ist. Die Mittelsenkrechte von $(a_3, f(a_3))$ enthält a_1 und a_2 (was wie im Beweis zu Satz 45.2 geschlossen wird) und ist also die Gerade $\Gamma(a_1, a_2)$. Einerseits sind also a_1, a_2, a_3 nicht kollinerar, andererseits sind, wenn s_3 die Spiegelung an $\Gamma(a_1, a_2)$ bezeichnet, a_1, a_2, a_3 die Fixpunkte von $s_3 \circ f$. Nach Satz 45.2 ist $s_3 \circ f$ die Identität, woraus $f = s_3$ folgt.

Zusatz. *Es sei A eine (offene oder abgeschlossene) Halbgerade. Jede Isometrie f von* Π *in* Π, *für die f(A) = A ist, ist entweder die Identität oder die Spiegelung an der Trägergeraden von A.*

Satz 45.4. *Für jedes* $X \subset \Pi$ *ist jede Isometrie f von X in* Π, *die mindestens einen Fixpunkt* a_1 *hat, entweder die Identität oder eine Spiegelung an einer Achse durch* a_1 *oder das Produkt von zwei solchen Spiegelungen.*

Beweis. Ist f nicht die Identität, so existiert ein $a_2 \in X$, so daß $a_2 \neq f(a_2)$ ist. Die Mittelsenkrechte A_2 von $(a_2, f(a_2))$ geht durch a_1. Bezeichnet s_2 die Spiegelung an der Achse A_2, so sind a_1 und a_2 verschiedene Fixpunkte von $s_2 \circ f$. Nach Satz 45.3 gilt dann

$$s_2 \circ f = \text{Identität oder } s_2 \circ f = s_3,$$

woraus $f = s_2$ oder $f = s_2 \circ s_3$ folgt.

Satz 45.5. *Für jedes $X \subset \Pi$ ist jede Isometrie f von X in Π das Produkt von höchstens drei Achsenspiegelungen (0, 1, 2 oder 3 Achsenspiegelungen).*

Beweis. Ist f nicht die Identität, so existiert $a_1 \in X$, so daß $a_1 \neq f(a_1)$ ist. Bezeichnet s_1 die Achsenspiegelung in bezug auf die Mittelsenkrechte A_1 von $(a_1, f(a_1))$, so ist a_1 ein Fixpunkt von $s_1 \circ f$. Nach Satz 45.4 ergibt sich mit den verwendeten Bezeichnungen

$$s_1 \circ f = \text{Identität oder } s_1 \circ f = s_2 \text{ oder } s_1 \circ f = s_2 \circ s_3,$$

woraus $f = s_1$ oder $f = s_1 \circ s_2$ oder $f = s_1 \circ s_2 \circ s_3$ folgt.

Theorem 45.6. a) *Jede Isometrie von Π in Π ist entweder die Identität oder eine der Abbildungen $s_1, s_1 \circ s_2, s_1 \circ s_2 \circ s_3$, wobei s_i Achsenspiegelungen bedeuten. Sie ist eine affine Transformation von Π und sie läßt die rechten Winkel invariant.*

b) *Für jedes $X \subset \Pi$ kann jede Isometrie f von X in Π in eine Isometrie g von Π in Π erweitert werden und zwar in eindeutiger Weise, wenn X kein geradliniger Bereich ist, und in zwei Arten, wenn X auf einer Geraden liegt und wenigstens zwei Punkte enthält.*

Beweis. Der erste Teil **a)** des Satzes folgt aus dem Satz 45.5 und aus der Tatsache, daß jede Achsenspiegelung eine affine Transformation von Π ist, die den rechten Winkel invariant läßt.

Im zweiten Teil **b)** folgt die Existenz von g aus dem Satz 45.5. Sind andererseits g und g' zwei Erweiterungen von f, so ist $g^{-1} \circ g$ die Identität auf X, also ist $g^{-1} \circ g'$ die Identität, wenn X nicht auf einer Geraden liegt, und es ist die Identität oder eine Achsenspiegelung, wenn X auf einer Geraden liegt und wenigstens zwei Punkt enthält. In diesem letzten Fall ist $g' = g$ oder $g' = g \circ \sigma$, wobei σ die Spiegelung ist, deren Achse X enthält.

46. Die Gruppe der Isometrien um einen Punkt

Wir werden die Menge J_0 der Isometrien von Π betrachten, die einen Punkt 0 von Π fest lassen, einmal wegen der Bedeutung der Drehungen, das andere Mal in Hinblick auf die Definition der Winkel. Dazu liefern die Achsenspiegelungen die grundlegenden Hilfsmittel.

Offensichtlich ist J_0 eine Transformationsgruppe von Π. Mit S_0 sei die Teilmenge von J_0 bezeichnet, die aus den Achsenspiegelungen besteht, deren Achsen durch 0 verlaufen, und mit R_0 die Teilmenge von J_0, die von den Drehungen um 0, d.h. von den Elementen von J_0 der Form $s_1 \circ s_2$ (mit s_1, $s_2 \in S_0$) gebildet wird (d.h. $R_0 = S_0 \circ S_0$)*). Zum Studium von J_0, S_0, R_0 hat man eine Hilfsmenge nötig, die entweder die Menge der von 0 ausgehenden Halbgeraden oder das eineindeutige von einem Kreis um 0 gebildete Bild dieser Menge sein kann.

Nun sei C_0 die Menge der Punkte x von Π, für die $d(0, x) = 1$ ist (der Radius spielt im übrigen keine Rolle).

Wir wollen eine Liste der uns bekannten Eigenschaften aufstellen, die wir als einzige hier verwenden:

Es ist Π eine Menge und C_0 eine Teilmenge von Π; J_0 ist eine Transformationsgruppe von Π und S_0 eine Teilmenge von J_0. Ferner ist $R_0 = S_0 \circ S_0$ gesetzt. Die Elemente von S_0 heißen Spiegelungen, die von R_0 Drehungen. Weiterhin haben wir:

(1) Für jede Spiegelung σ gilt $\sigma^2 = $ Identität.

(2) Die Identität ist keine Spiegelung.

(3) Für alle x, $y \in C_0$ existiert genau eine Spiegelung σ derart, daß $\sigma(x) = y$ ist; wir bezeichnen sie mit σ_{xy}.

(4) Bei jeder Spiegelung σ existiert wenigstens ein Punkt x von C_0, so daß $\sigma(x) = x$ ist.

(5) Für jedes $f \in J_0$ und jedes $x \in C_0$ gilt

$$(f(x) = x) \Leftrightarrow (f = \text{Identität oder } f = \sigma_{xx}).$$

Alle diese Sätze sprechen bekannte Eigenschaften aus:

Zu (3): Ist $y = x$, so ist σ_{xx} die Spiegelung an $\Gamma(0, x)$; ist $y \neq x$, so ist σ_{yx} die Spiegelung, deren Achse die Mittelsenkrechte von (x, y) ist.

Zu (4): Der fragliche Punkt x von C_0 ist einer der beiden Punkte der Achse von σ, für die $d(0, x) = 1$ ist.

Zu (5): Hier liegt nur eine Übertragung des Satzes 54.3 vor.

Satz 46.1. *Eine Drehung ist niemals eine Spiegelung (anders ausgedrückt:* $R_0 \cap S_0 = \phi$).

---

*) Wir erinnern ganz allgemein an folgendes: Sind A und B zwei Teilmengen einer mit der inneren Operation T ausgestatteten Menge E, so bezeichnet A T B die Menge der Elemente von E von der Form x T y, wobei $x \in A$ und $y \in B$.

Beweis. $\rho, \sigma, \tau \in S_0$. Nach (3) existiert a $\in C_0$, so daß τ (a) = a. Wir zeigen nun, daß die Beziehung $\rho = \sigma \circ \tau$ unmöglich ist. Dies folgt aus

$$(\rho = \sigma \circ \tau) \Rightarrow (\rho\,(a) = \sigma\,(\tau\,(a)) = \sigma\,(a)) \Rightarrow (\rho = \sigma) \Rightarrow (\text{Identität} = \tau),$$

was nach (2) nicht sein kann.

Die zweite dieser Folgerungen ergibt sich aus (3), die dritte durch Vergleich von $\rho = \sigma$ und $\rho = \sigma \circ \tau$.

Satz 46.2. *Für alle* x, y $\in C_0$ *gibt es nur zwei Abbildungen* f $\in J_0$ *derart, daß* y = f (x) *ist: Die Spiegelung* σ_{yx} *und die Drehung* $\sigma_{yx} \circ \sigma_{xx}$.

Beweis. In der Tat haben wir

$$(f\,(x) = y \text{ und } \sigma_{xy}\,(y) = x) \Rightarrow (\sigma_{xy} \circ f\,(x) = x).$$

Nach (5) ist also $\sigma_{xy} \circ f =$ Identität oder σ_{xx}, woraus f $= \sigma_{yx}$ oder f $= \sigma_{yx} \circ \sigma_{xx}$ folgt.

Zusatz 46.3. *Für alle* x, y $\in C_0$ *gibt es jeweils nur eine einzige Drehung, die* x *in* y *überführt.*

Zusatz 46.4. R_0 *und* S_0 *bilden eine Einteilung von* J_0.
Der Satz 46.2 zeigt nämlich, daß f für alle f $\in J_0$ und alle a $\in C_0$ entweder die Spiegelung oder die Drehung ist, die a in f (a) überführt.

Satz 46.5. *Für jede Drehung* f $\in R_0$ *und jedes* $\sigma \in S_0$ *existiert eine Spiegelung* $\tau \in S_0$, *so daß* f $= \tau \circ \sigma$ *(und ein* τ', *so daß* f $= \sigma \circ \tau'$).
Beweis. Nach (3) gibt es ein a $\in C_0$, so daß σ (a) = a ist. Weiter setzen wir f (a) = b. Wir haben dann $\sigma_{ba} \circ \sigma$ (a) = b, also sind die Drehungen f und $\sigma_{ba} \circ \sigma$ identisch nach Zusatz 46.3. Daher ist σ_{ba} die gesuchte Spiegelung τ.
Schließlich ist das Inverse jeder Drehung wieder eine Drehung; **also existiert ein** $\tau' \in S_0$, so daß $f^{-1} = \tau' \circ \sigma$, d.h. f $= \sigma \circ \tau'$ ist.

Satz 46.6. *Jedes Produkt einer geraden (bzw. ungeraden) Anzahl von Spiegelungen ist eine Drehung (bzw. eine Spiegelung).*
Beweis. Es genügt zu zeigen, daß jedes Produkt von drei Spiegelungen eine Spiegelung ist, dann folgt der Satz für mehr Spiegelungen daraus durch Rekursion. Nun gibt es aber nach 46.5 für alle $\pi, \rho, \sigma \in S_0$ ein $\tau \in S_0$, so daß $\pi \circ \rho = \tau \circ \sigma$, woraus $\pi \circ \rho \circ \sigma = \tau$ folgt.

Theorem 46.7. a) *Die Menge* R_0 *der Drehungen um* 0 *ist eine kommutative Unter-gruppe von* J_0.

b) *Für jedes* $\sigma \in S_0$ *gilt* $\sigma \circ R_0 = R_0 \circ \sigma = S_0$.

c) *Die Gruppe* R_0 *ist einfach transitiv auf* C_0 *).

Beweis. **a)** Nach Satz 46.6 ist das Produkt von zwei Drehungen wieder eine Drehung; das Inverse einer Drehung $\rho \circ \sigma$ ist $\sigma \circ \rho$, also ebenfalls eine Drehung. Also ist R_0 eine Gruppe, von der wir noch zeigen, daß sie kommutativ ist:

Für alle $f, g \in R_0$ und jedes $\sigma \in S_0$ gibt es Spiegelungen $\pi, \rho \in S_0$, so daß $f = \pi \circ \sigma$ und $g = \sigma \circ \rho$, woraus die Äquivalenzen

$$(f \circ g = g \circ f) \Leftrightarrow (\pi \circ \sigma \circ \sigma \circ \rho = \sigma \circ \rho \circ \pi \circ \sigma) \Leftrightarrow ((\pi \circ \rho \circ \sigma)^2 = \text{Identität})$$

folgen. Die letzte Gleichung gilt, weil $\pi \circ \rho \circ \sigma$ eine Spiegelung ist (Satz 46.6), also $f \circ g = g \circ f$.

b) Nach Satz 46.6 ist $\sigma \circ R_0 \subset S_0$ und $\sigma \circ S_0 \subset R_0$. Die letzte Beziehung können wir auch in der Form $S_0 \subset \sigma \circ R_0$ schreiben, woraus die Gleichheit $\sigma \circ R_0 = S_0$ folgt. Ebenso wird $R_0 \circ \sigma = S_0$ bewiesen.

Nach diesem Ergebnis ist es dasselbe, wenn wir sagen, daß R_0 eine invariante Untergruppe von S_0 ist oder daß die Abbildung von R_0 durch ein Element f von J_0 die Menge R_0 oder S_0 ergibt, je nachdem $f \in R_0$ oder $f \in S_0$ ist. Anders ausgedrückt: Der Quotient $J_0 \mid R_0$ ist die Gruppe der Ordnung 2.

c) Die dritte Eigenschaft ergibt sich aus 46.3.

Nach der Definition der Winkel werden wir auf die Drehungen zurückkommen. Im Augenblick wollen wir die Ergebnisse verwenden, um beliebige Isometrien in Π zu untersuchen.

47. Paarige und unpaarige Isometrien

Definition 47.1. *Wir nennen eine Isometrie von* Π *paarig (bzw. unpaarig)**), wenn sie das Produkt eine geraden (bzw. ungeraden) Anzahl von Achsenspiegelungen ist.*

Die Menge der Isometrien (bzw. paarigen, unpaarigen Isometrien) bezeichnen wir mit J (bzw. J^+, J^-).

Nach 45.6 ist $J = J^+ \cup J^-$. Ferner ist $J^+ \cup J^- = \phi$, was unmittelbar daraus folgt, daß J^+ eine Untergruppe von J und sogar eine invariante Untergruppe ist.

---

*) D. h.: Für alle $x, y \in C_0$ gibt es ein einziges $f \in R_0$, so daß $y = f(x)$ ist.

**) Die Terminologie „paarig, unpaarig" knüpft unmittelbar an die franz. Wörter "pair, impair" an. Die übliche Übersetzung mit gerade und ungerade erscheint in der Geometrie unpassend (gerade Linie, gerade Isometrie?). Andere Bezeichnungen erscheinen nicht angebracht und können zu Mißverständnissen führen. So lehnen wir z. B. „positiv, negativ" ab, weil eine Punktspiegelung zugleich eine positive Isometrie und eine zentrische Streckung mit einem negativen Faktor sein würde.

Wir werden die Untersuchung beliebiger Isometrien auf die der Isometrien um einen Punkt 0 zurückführen. Diese Methode läßt sich leicht auf den Raum übertragen; die Übertragung ins Analytische ist gleichfalls naheliegend.

Mit T bezeichnen wir die Gruppe der Translationen von Π. J_0, S_0, R_0 seien die in Nr. 46 definierten Mengen.

Hilfssatz 47.2. a) *Jede Abbildung* $f \in J$ *läßt sich in eindeutiger Weise in der Form* $f = t \circ \bar{f}$ *schreiben, wobei* $t \in T$ *und* $\bar{f} \in J_0$. *Wir nennen* $\bar{f}$ *die Reduzierte von f in* $(\Pi, 0)$.

b) *Ist f eine Spiegelung an der Achse* A, *so ist ihre Reduzierte die Spiegelung an der Achse* A′, *die durch* 0 *und parallel zu* A *verläuft.*

Beweis. **a)** Wir suchen f in der Form $x \rightarrow a + \bar{f}(x)$ in $(\Pi, 0)$ zu schreiben.

Eindeutigkeit: Ist f von dieser Form, so gilt offenbar $a = f(0)$ und $\bar{f}(x) = f(x) - f(0)$.

Existenz: Es sei $\bar{f}$ die Abbildung $x \rightarrow f(x) - f(0)$. Dies ist eine Isometrie, die den Punkt 0 fest läßt; also ist $\bar{f} \in J_0$. Mit $f(x) = f(0) + \bar{f}(x)$ liegt die gesuchte passende Form vor.

b) Es sei g die Spiegelung an der Achse A′. Nach Satz 44.6 ist $f \circ g$ eine Translation t, woraus $f = t \circ g$, also $g = \bar{f}$ folgt.

Satz 47.3. a) *Die Abbildung* $f \rightarrow \bar{f}$ *von J in* J_0 *ist eine Abbildung der Gruppe J auf die Gruppe* J_0.

b) *Die durch diese Abbildung erzeugten Bilder von* J^+ *und* J^- *sind* R_0 *bzw.* S_0.

Beweis. **a)** $f, g \in J$; $\bar{f}, \bar{g}$ seien ihre Reduzierten. Da $\bar{f}$ und $\bar{g}$ linear sind, ergeben die Beziehungen

$$f(x) = f(0) + \bar{f}(x), \quad g(y) = g(0) = \bar{g}(y)$$

weiter

$$g(f(x)) = g(0) + (\bar{g}f(0)) + \bar{g}(\bar{f}(x)) = g(f(0)) + \bar{g}(\bar{f}(x)),$$

woraus $\overline{(g \circ f)} = \bar{g} \circ \bar{f}$ folgt.

b) Wir wissen nach 47.2, daß die Reduzierte $\bar{f}$ jeder Achsenspiegelung f wieder eine Achsenspiegelung ist. Wir haben gerade bewiesen, daß die Reduzierte eines Produktes von n Achsenspiegelungen ein Produkt von n Elementen von S_0 ist. Daraus folgt aber die behauptete Eigenschaft.

Zusatz 47.4. J^+ *und* J^- *bilden eine Einteilung (Zerlegung) von* J, *und für jedes* $\sigma \in J^-$ *gilt* $\sigma J^+ = J^+ \sigma = J^-$.

Zusatz 47.5. *Für jedes Paar* A_1, A_2 *von abgeschlossenen Halbgeraden von* Π *gibt es eine einzige paarige Isometrie von* Π, *die* A_1 *in* A_2 *abbildet; das gleiche gilt für die unpaarigen Isometrien.*

Dieser Zusatz folgt aus dem Theorem 45.6 und dem Zusatz 47.4.

Eine interessante Untergruppe von J^+

Die Gruppe, die aus den Punktspiegelungen und den Translationen von Π gebildet wird, ist eine Untergruppe von J^+. In der Tat ist jede dieser Transformationen das Produkt von zwei Achsenspiegelungen.

48. Struktur einer Isometrie

Eine Isometrie f in der Ebene $(\Pi, 0)$ sei in der (kanonischen) Form $t \circ \bar{f}$ geschrieben.

a) Ist $\bar{f}$ eine Drehung, so schreiben wir t in der Form $\rho \circ \sigma$, wobei ρ und σ Achsenspiegelungen sind, und die Achse von σ durch 0 verläuft. Wir können $\bar{f} = \sigma \circ \tau$ schreiben, wobei τ eine andere Achsenspiegelung ist. Dann haben wir

$$f = t \circ \bar{f} = \rho \circ \sigma \circ \sigma \circ \tau = \rho \circ \tau.$$

Also ist f eine Translation oder eine Drehung (je nachdem die Achsen von ρ, τ parallel oder winklig verlaufen).

b) Ist $\bar{f}$ eine Achsenspiegelung, so wählen wir ein System von rechtwinkligen Achsen, von denen die erste die Achse von $\bar{f}$ sei. In diesem System ist die Abbildung f von der Form

$$(x_1, x_2) \rightarrow (x_1 + a_1, - x_2 + a_2)$$

oder nach einer passenden Translation der ersten Achse

$$(x_1, x_2) \rightarrow (x_1 + a_1, - x_2).$$

Im Fall $a_1 = 0$ ist f eine Achsenspiegelung; anderenfalls ist f keine Spiegelung an einer Geraden G, die sie als Ganzes fest läßt.

Satz 48.1. a) *Jede paarige Isometrie ist das Produkt von zwei Achsenspiegelungen; sie ist eine Translation oder eine Drehung.*

b) *Jede unpaarige Isometrie ist das Produkt einer Achsenspiegelung und einer Translation parallel zur Achse dieser Spiegelung.*

Daraus folgt auch sofort die Art der Fixpunkte der Isometrien.

B. Ähnlichkeitsabbildungen

49. Haupteigenschaften

Definition 49.1. *Für* $X \subset \Pi$ *sei* f *eine Abbildung von* X *in* Π *und* k *eine Zahl* > 0. *Dann heißt* f *eine Ähnlichkeitsabbildung mit dem Maßstab* k *(dem Faktor* k, *dem Verhältnis* k*), wenn für alle* x, y $\in$ X

$$d(f(x), f(y)) = k\, d(x, y)$$

gilt.

Die Ähnlichkeitsabbildungen im Maßstab 1 *sind also nichts anderes als die Isometrien.*

Hilfssatz 49.2. *Jede Streckung von* Π *im Maßstab* k *ist eine Ähnlichkeitsabbildung im Maßstab* | k |.

Eine derartige Streckung schreibt sich in der Tat in einer Ebene $(\Pi, 0)$ in der Form

$$x \to kx + a,$$

woraus $d(f(x), f(y)) = \|f(x) - f(y)\| = |k| \cdot \|x - y\| = |k|\, d(x, y)$ folgt.

Satz 49.3. *Für alle* $X \subset \Pi$ *läßt sich jede Ähnlichkeitsabbildung* f *im Maßstab* k *von* X *in* Π *auf eine Ähnlichkeitsabbildung von* Π *in* Π *mit dem Maßstab* k *erweitern, und zwar in genau einer Weise, wenn* X *nicht auf einer Geraden liegt und auf zwei Arten, wenn* X *auf einer Geraden liegt und wenigstens aus zwei Punkten besteht.*

Beweis. Es sei φ eine zentrische Streckung in Π im Maßstab k. Dann ist $\varphi^{-1} \circ f$ eine Isometrie von X, läßt sich also in eine Isometrie ψ von Π in Π erweitern, und zwar in genau einer Weise oder auf zwei Weisen entsprechend den beiden Fällen (Theorem 45.6). Die gesuchte Erweiterung ist die Ähnlichkeitsabbildung $\varphi \circ \psi$.

Dieser Satz gestattet es uns, nur die Ähnlichkeitsabbildungen von Π in Π zu untersuchen.

Satz 49.5. *Jede Ähnlichkeitsabbildung von* Π *in* Π *im Maßstab* k *ist das Produkt aus einer zentrischen Streckung im Maßstab* k *und einer Isometrie.*

Sie ist eine affine Abbildung von Π, *und sie läßt das Senkrechtstehen invariant.*

Die Ähnlichkeitsabbildungen von Π *bilden eine Gruppe* S *und die Abbildung* f $\to$ *Maßstab* k (f) *ist eine Abbildung der Gruppe* S *auf die multiplikative Gruppe* R_+^* .

Alle diese Eigenschaften lassen sich in der angegebenen Reihenfolge sofort beweisen. Es folgt nun die Umkehrung einer dieser Eigenschaften.

Satz 49.5. *Jede affine Abbildung von* Π, *die das Senkrechtstehen invariant läßt, ist eine Ähnlichkeitsabbildung.*

Beweis. f sei die gegebene Abbildung, und A_1, A_2 seien zwei senkrechte Halbgeraden mit dem Ursprung 0. Dann sind $f(A_1)$ und $f(A_2)$ zwei senkrechte Halbgeraden mit dem Ursprung $f(0)$. Es gibt also eine Isometrie g, die A_1, A_2 in $f(A_1)$, $f(A_2)$ überführt.

$g^{-1} \circ f$ ist danach eine lineare Transformation von $(\Pi, 0)$, die das Senkrechtstehen und A_1, A_2 invariant läßt.

Es sei nun (a_1, a_2) die in $(\Pi, 0)$ durch $\| a_i \| = 1$ und $a_i \in A_i$ $(i = 1, 2)$ definierte Basis. In dieser Basis ist $g^{-1} \circ f$ von der Form $(\xi_1, \xi_2) \to (\alpha_1 \xi_1, \alpha_2 \xi_2)$ mit $\alpha_1, \alpha_2 > 0$. Nun stehen die Vektoren $(1,1)$ und $(1,-1)$ senkrecht aufeinander. Da auch ihre Bilder (α_1, α_2) und $(\alpha_1, -\alpha_2)$ senkrecht zueinander sind, so gibt dies $\alpha_1^2 - \alpha_2^2 = 0$, woraus $\alpha_1 = \alpha_2$ folgt. Also ist $g^{-1} \circ f$ die zentrische Streckung $H(0, \alpha_1)$ und daher $f = g \circ H(0, \alpha_1)$, was die Behauptung liefert.

50. Paarige und unpaarige Ähnlichkeitsabbildungen

Definition 50.1. *Wir nennen eine Ähnlichkeitsabbildung f von Π paarig (bzw. unpaarig), wenn sie sich in der Form $f = d \circ g$ schreiben läßt, wobei d eine Dilatation mit positivem Maßstab und g eine paarige bzw. unpaarige Isometrie ist.*

Satz 50.2. *Eine Ähnlichkeitsabbildung von Π ist entweder paarig oder unpaarig.*

Beweis. Aus der Beziehung $d \circ g = \delta \circ \gamma$ folgt $\delta^{-1} \circ d = \gamma \circ g^{-1}$ d.h. (Dilatation mit positivem Maßstab) = (Isometrie).

Diese Beziehung ist nur möglich, wenn beide Seiten der Gleichung eine Translation darstellen, also ist $\gamma \circ g^{-1}$ eine paarige Isometrie, oder anders ausgedrückt, γ und g sind entweder beide paarig oder beide unpaarig.

Theorem 50.3. a) *Das Produkt von zwei Ähnlichkeitsabbildungen ist paarig oder unpaarig, je nachdem diese beiden von gleicher oder entgegengesetzter Paarigkeit sind.*

b) *Die Menge S^+ der paarigen Ähnlichkeitsabbildungen bildet eine Gruppe; diese Gruppe ist transitiv auf der Menge der Paare (x, y) von verschiedenen Punkten von Π.*

Beweis. **a)** $f, g \in S$. In der Ebene $(\Pi, 0)$ ist die Ähnlichkeitsabbildung $\bar{f}$ mit

$$x \to \frac{1}{\lambda} (f(x) - f(0))$$

ein Element von J_0, wenn λ der Maßstab der Ähnlichkeitsabbildung f ist, und es gilt

$$f(x) = f(0) + \lambda \bar{f}(x).$$

In gleicher Weise ist $g(y) = g(0) + \mu \bar{g}(y)$ mit $\bar{g} \in J_0$. Da nun $\bar{g}$ linear ist, so gilt

$$g \circ f(x) = g \circ f(0) + \lambda \mu \bar{g} \circ \bar{f}(x).$$

Nach der Definition 50.1 sind die Paarigkeiten von f, g, bzw. g ∘ f gleich denen von f, g bzw. g ∘ f, woraus die Behauptung folgt.

b) Daraus folgt auch, daß S^+ eine Gruppe bildet. Der Rest des Satzes ergibt sich aus Satz 49.3, denn wenn $X = \{ x, y \}$ und $X' = \{ x', y' \}$ mit $x \neq y$ und $x' \neq y'$ ist, so ist die Abbildung $x \to x'$, $y \to y'$ von X auf X' eine Ähnlichkeitsabbildung f von X, und von den beiden Ähnlichkeitsabbildungen von Π, die die Erweiterungen von f darstellen, ist die eine paarig, die andere unpaarig.

Aus diesem Satz folgt, daß die Menge $A = (\Pi \times \Pi \doteq \text{Diagonale})$, die mit einem willkürlichen Ursprungspaar (x_0, y_0) versehen wurde, mit einer Gruppen-Struktur isomorph zu S^+ und einem neutralen Element (x_0, y_0) ausgestattet werden kann. Diese Gleichsetzung von A mit S^+ ist bequem. Sie erlaubt es z.B., eine Topologie auf S^+ zu definieren: sie ist das Bild der Topologie von A (als Unterraum von $\Pi \times \Pi$), die durch die Abbildung von A auf S^+ enthält.

Satz 50.4. *Jede Dilatation (mit positivem oder negativem Maßstab) ist eine paarige Ähnlichkeitsabbildung.*

Sie ist in der Tat ein Produkt von Translationen, positiven zentrischen Streckungen und Punktspiegelungen, und jeder dieser Ähnlichkeitsabbildungen ist paarig.

51. Die Gruppe der Ähnlichkeitsabbildungen um einen Punkt

Satz 51.1. a) *Die Gruppe S_0 der Ähnlichkeitsabbildungen, die einen Punkt 0 fest lassen, ist das direkte Produkt der Untergruppe der positiven zentrischen Streckungen mit dem Zentrum 0 (isomorph zu R_+^*) und der Gruppe der Isometrien J_0.*

b) *Ihre Untergruppe S_0^+ der paarigen Ähnlichkeitsabbildungen ist kommutativ und in Π^* (d.h. in Π ohne 0) einfach transitiv.*

Beweis. **a)** Es seien f, g $\in S_0$ mit den Maßstäben λ, μ. Wir können dann f, g eindeutig in der Form $f = \lambda \bar{f}$, $g = \mu \bar{g}$ mit $\bar{f}$, $\bar{g} \in J_0$ schreiben. Also ist $f \circ g(x) = \lambda \bar{f}(\mu \bar{g}(x)) = (\lambda \mu)(\bar{f} \circ \bar{g})(x)$ oder auch $f \circ g = (\lambda \mu)(\bar{f} \circ \bar{g})$.

Die Abbildung $f \to (\lambda, f)$ von S_0 auf die Produktgruppe $R_+^* \times J_0$ ist daher ein Isomorphismus.

b) Insbesondere ist auch S_0^+ zur Gruppe $R_+^* \times R_0$ isomorph, und da die beiden Faktorgruppen kommutativ sind, ist es auch S_0^+.

Nach dem Theorem 50.3 gibt es für alle x, $x' \in \Pi^*$ eine einzige paarige Ähnlichkeitsabbildung f, die das Paar $(0, x)$ in $(0, x')$ überführt; da nun $f(0) = 0$, so hat man $f \in S_0^+$ wie behauptet.

51.2. Anwendung auf die Definition des Körpers der komplexen Zahlen

Wir wählen einen Punkt $e \in \Pi^*$. Der Satz 51.1b zeigt, daß die Abbildung φ von S_0^+ auf Π^*, die durch $f \to f(e)$ definiert ist, eineindeutig ist.

Wir übertragen durch die Abbildung φ die Gruppenstruktur von S_0^+ auf Π^* und schreiben die Operation von Π^*, die infolge φ das Bild des Produktes von S_0^+ ist, multiplikativ. Schließlich erweitern wir diese Operation auf Π, indem wir $x0 = 0x = 0$ für jedes $x \in \Pi$ setzen.

Für alle $x, y \in \Pi^*$ ist das Element von S_0^+, das e in xy transformiert, das Produkt der Elemente f und g von S_0^+, die e in x bzw. y überführen, anders ausgedrückt: es ist $xy = f \circ g(e) = f(y)$, eine Beziehung, die auch für $y = 0$ gilt.

Da f linear ist, so haben wir für alle $a, b \in \Pi$

$$x(a + b) = f(a + b) = f(a) + f(b) = xa + xb.$$

Wir können nun sofort bestätigen, daß Π, ausgestattet mit der Addition von $(\Pi, 0)$ und der soeben definierten Multiplikation, einen kommutativen Körper bildet, dessen Nullelement 0 und dessen Einheit e ist.

Das ist alles, was zu einer korrekten Definition der komplexen Zahlen benötigt wird.

Es sei i einer der beiden zu e senkrechten Vektoren von $(\Pi, 0)$ von der Norm $\| e \|$ und f die Drehung, die e in i überführt. Die Beziehung $i \perp e$ ergibt $f(i) \perp f(e)$ oder $f(i) \perp i$, also $f(i) = e$ oder $-e$, d.h. nach der Definition der Multiplikation ist entweder

$$i^2 = -e \quad \text{oder} \quad i^2 = e.$$

Aus der zweiten Gleichung würde $(e + i)(e - i) = e - i^2 = 0$ folgen, was in einem Körper unmöglich ist, also muß $i^2 = -e$ sein.

Die beiden Vektoren e, i bilden eine Basis von $(\Pi, 0)$. Jedes $x \in \Pi$ läßt sich daher in der Form

$$x = \alpha e + \beta i \quad \text{mit } \alpha, \beta \in R \text{ schreiben.}$$

Identifizieren wir nun jede Zahl $\lambda \in R$ mit dem Punkt λe von $(\Pi, 0)$, so ist für alle $u \in (\Pi, 0)$ nun λu das Produkt von λe mit u. Wir können also hinfort

$$x = \alpha e + \beta i = \alpha + \beta i \text{ mit } \alpha \text{ und } \beta \in (\Pi, 0)$$

schreiben.

Weiter gilt

$$(\alpha + \beta i)(\alpha' + \beta' i) = (\alpha \alpha' - \beta \beta') + i(\alpha \beta' + \alpha' \beta).$$

Die Struktur des so auf Π definierten Körpers ist offenbar isomorph zu der Struktur des Körpers, der auf R^2 durch die Operationen

$$(\alpha, \beta) + (\alpha', \beta') = (\alpha + \alpha', \beta + \beta')$$

$$(\alpha, \beta)(\alpha', \beta') = ((\alpha \alpha' - \beta \beta'), (\alpha \beta' + \alpha' \beta))$$

definiert ist.

Im allgemeinen zieht man es vor, als den Körper C der komplexen Zahlen die durch die eben definierten Operationen versehene Ebene R^2 zu bezeichnen und die Struktur des auf $(\Pi, 0, e)$ definierten Körpers nur als ein bequemes geometrisches Modell von C anzusehen.

52. Struktur einer Ähnlichkeitsabbildung

Wir kennen bereits die Struktur der Ähnlichkeitsabbildungen mit dem Maßstab $k = 1$; die der Ähnlichkeitsabbildungen mit $k \neq 1$ zeigt viel weniger Variationen.

Satz 52.1. *Jede Ähnlichkeitsabbildung f von* Π *im Maßstab* $k \neq 1$ *hat einen festen Punkt, das Zentrum von f genannt.*

Der eleganteste Beweis würde so lauten: Da die Fixpunkte von f und f^{-1} die gleichen sind, darf man zu ihrer Bestimmung $k < 1$ annehmen. Die Abbildung f verkleinert im Maßstab $k < 1$, wirkt zusammenziehend in diesem Verhältnis. Da nun Π ein vollständiger metrischer Raum ist, so hat f einen Fixpunkt: es ist der Grenzpunkt jeder Folge $(f^n(a))$ mit beliebigem a in Π. Aber dieser Beweis benutzt nicht elementare Begriffe, außerdem beruht er auf der Tatsache, daß R das Stetigkeitsaxiom erfüllt, das für die Entwicklung der Elementargeometrie entbehrlich ist. Wir verwerfen daher diesen Beweis.

Aus einem anderen Grunde verwerfen wir die Beweise, die sich auf die Begriffe des Winkels und Bogens stützen, weil sie Winkel und Kreise in eine Frage hineinbringen, die nur die lineare Algebra betrifft.

Die richtige Lösung besteht in der Auflösung der Vektorgleichung

$$f(0) + k\,\overline{f}(x) = x \quad \text{mit } \overline{f} \in J_0$$

in der gewählten Ebene $(\Pi, 0)$.

a) Ist $\overline{f} \in S_0$, so schreibt sich diese Gleichung in bezug auf die beiden Achsen, von denen die erste die von $\overline{f}$ ist,

$$kx_1 + a_1 = x_1 ; \quad -kx_2 + a_2 = x_2 ,$$

woraus man sofort x_1 und x_2 berechnen kann.

b) Ist $\overline{f} \in R_0$, so schreibt sich die Gleichung in der Ebene $(\Pi, 0)$, die durch die Wahl einer Einheit e (vgl. 51.2) mit einer Körper-Struktur versehen ist, in der Form

$$f(0) + \alpha z = z \text{ mit } \alpha \neq e.$$

Daraus folgt $z = \dfrac{f(0)}{1 - \alpha}$.

Der Satz 52.1 liefert uns die Struktur der Ähnlichkeitsabbildungen mit dem Maßstab $k \neq 1$. In der Tat: Es sei f eine Ähnlichkeitsabbildung mit dem Zentrum a und dem Maßstab k. Ist f paarig, so ist f ein Element von S_a^+. Ist f unpaarig, so ist f das Produkt aus einer zentrischen Streckung $H(a, k)$ und einer Spiegelung an einer Achse durch a. Diese Achse heißt die Achse der Ähnlichkeitsabbildung f.

53. Klassifikation der abgeschlossenen Gruppen der Ähnlichkeitsabbildungen

Die einzigen in der Geometrie und selbst in der Analysis brauchbaren affinen Transformationsgruppen sind die, die in bezug auf die natürliche Topologie abgeschlossen sind, wie sie auf der Gruppe aller affinen Transformationen durch die Koeffizienten der zugehörigen Matrix (in bezug auf eine gewählte Basis) definiert ist[*]. In den Übungen werden wir die systematische Untersuchungen gewisser abgeschlossener Untergruppen der Gruppe der Ähnlichkeitsabbildungen vorschlagen; im Augenblick begnügen wir uns mit einer Klassifikation.

Einige dieser Gruppen können wahlweise Gegenstand des Unterrichts sein. Für uns wird es nützlich sein, die abgeschlossenen Untergruppen von R, R^2 und multiplikative Gruppen R^* und C^* zu kennen.

Für die additive Gruppe R sind es R und die diskreten Gruppen $\{n\,\alpha\}_{n\in Z}$ mit $\alpha \in R$. Für die additive Gruppe R^2 sind es die Bilder der folgenden Untergruppen des R^2, die durch eine eineindeutige lineare Abbildung des R^2 auf sich entstehen:

$$R^2, Z^2, R\times Z, R\times\{0\}, Z\times\{0\}, \{0\}\times\{0\}.$$

Für C^* sind es die Bilder der abgeschlossenen Untergruppen der additiven Gruppe C (isomorph zu R^2), die durch die Abbildung $z\to e^z$ von C auf C^* entstehen. Insbesondere sind

$$R^*, R_+^* \text{ und jede der Mengen } \{k^n\}_{n\in Z} \text{ mit } k \neq 0$$

die abgeschlossenen Untergruppen des R^*.

53.1. Abgeschlossene Gruppen von Dilatationen von Π (oder allgemeiner eines euklidischen Raumes)

Es sei $(E, 0)$ ein zentrierter euklidischer Raum der Dimension n. Zur Vereinfachung werden wir eine Translation $x\to x+a$ von E mit dem Punkt a von $(E, 0)$ identifizieren. Die Translationsgruppen von E werden also als Untergruppen von $(E, 0)$ beschrieben.

---

[*] In bezug auf eine in Π gewählte Basis schreibt sich jede affine Transformation f von Π in der Form $x' = ax + by + c$; $y' = a'x + b'y + c'$ mit $ab' - ba' \neq 0$. Wird die Menge der f mit der Menge der Punkte (a, b, c, a', b', c') des R^6 identifiziert, für die $ab' - ba' \neq 0$, so erscheint es natürlich, auf dieser Menge die durch die Topologie des R^6 erzeugte Topologie zu wählen, woraus sich eine Topologie auf der Menge A der affinen Transformationen ergibt. Man zeigt leicht, daß diese Topologie nicht von der in Π gewählten Basis abhängt und daß sie die Operationen $f \to f^{-1}$ und $(f, g) \to f \circ g$ stetig macht. Wir nennen eine Untergruppe von A abgeschlossen, wenn sie eine abgeschlossene Untergruppe des topologischen Raumes A ist.

a) *Translationen.* Die abgeschlossenen Gruppen der Translationen von E sind die Bilder der Untergruppen des R^n von der Form

$$R^p \times Z^q \times \{0\}^r \text{ mit } p + q + r = n,$$

die durch eine lineare Abbildung von R^n auf (E, 0) entstehen.

b) *Punktspiegelungen – Translationen.* Für jede abgeschlossene Untergruppe G von (E, 0) ist es die Gruppe, die aus den Punktspiegelungen mit den Zentren auf G gebildet wird.

c) *Andere Gruppen.* Für jeden affinen Unterraum A von E (eventuell auf einen Punkt reduziert) und für jede abgeschlossene Untergruppe G von R^* ist es die Gruppe der Dilatationen

$$x \to kx + a \text{ mit } k \in G \text{ und } a \in A.$$

53.2. Abgeschlossene Gruppen von Isometrien von Π

a) Abgeschlossene Gruppen von Isometrien um einen Punkt 0. Das sind J_0, R_0, die endlichen Gruppen der Drehungen (erzeugt durch eine Drehung um den Winkel $\frac{2\pi}{n}$), und die endlichen Gruppen der Spiegelungen und Drehungen (gebildet aus zwei Spiegelungen, deren Achsen einen Winkel $\frac{2\pi}{n}$ einschließen).

b) Für jede abgeschlossene Untergruppe G von J_0 ist es die Gruppe, die aus G und den Translationen von Π gebildet wird.

c) Unendliche diskrete*) Gruppen von Isometrien.

Es sind irgendwelche Untergruppen der folgenden Gruppen:

Die Gruppe, die aus den vier Spiegelungen an den Seiten eines Rechtecks gebildet wird.

Die Gruppe, die aus den drei Spiegelungen an den Seiten eines gleichseitigen (bzw. gleichschenklig-rechtwinkligen) Dreiecks besteht.

Folgende Untergruppen sind sehr verschieden; wir erwähnen z.B. die durch eine unpaarige Spiegelung erzeugte Gruppe, die durch zwei Drehungen um 60° (oder 120°) mit verschiedenen Zentren erzeugte Gruppe.

Es ist bemerkenswert, daß in jeder unendlichen diskreten Gruppe von Isometrien jede Drehung 2, 3, 4 oder 6 als Periode besitzt, eine Beschränkung, die die Musterzeichner in der Praxis schon seit langem beachtet haben.

---

*) Wir bezeichnen damit die Untergruppen der Gruppe der affinen Transformationen, die diskrete Untergruppen bilden, d.h. die nur isolierte Punkte besitzen.

53.3. Andere abgeschlossene Gruppen von Ähnlichkeitsabbildungen von Π

a) Gruppe der paarigen Ähnlichkeitsabbildungen um einen Punkt 0. Wir identifizieren die Ebene Π* mit der multiplikativen Gruppe C*. Die gesuchten Gruppen sind nichts anderes als die abgeschlossenen Untergruppen von C*, die oben erwähnt wurden.

b) Gruppen irgendwelcher Ähnlichkeitsabbildungen um einen Punkt 0. Die Untersuchung behalten wir den Übungen vor.

c) Für jede abgeschlossene Untergruppe G der Ähnlichkeitsabbildungen um 0 die Gruppe A, die durch G und die Translationen von Π erzeugt wird.

C. Stabile Mengen in bezug auf eine Gruppe von Transformationen*)

54. Regelmäßigkeit einer Menge

Der Eindruck der Regelmäßigkeit oder Symmetrie, der von gewissen Mengen ausgeht, läßt sich mathematisch durch die Tatsache ausdrücken, daß diese Mengen für eine Gruppe von Transformationen stabil*) sind; diese Stabilität verleiht ihnen einen gewissen gleichmäßigen Bau.

Genauer: Ist E eine Punktmenge und ist E eine Gruppe von Transformationen von E, wobei diese Transformationen genügend deutlich erscheinende Eigenschaften von E unverändert lassen, so macht E einen Eindruck von „Ebenmaß".

Dieser Eindruck wird umso stärker sein, je mehr Elemente E besitzt, was nicht heißen soll, daß dann die Schönheit von E größer sei, denn die Schönheit ist ein subjektiver, mathematisch nicht faßbarer Begriff.

Man wird z.B. sagen, daß das Paar (E, E) ein homogener Raum ist, wenn E transitiv auf E ist, d.h. wenn es für alle x, y $\in$ E ein f in E mit f (x) = y gibt.

Besitzen die Elemente von E für den Beobachter nicht genügend augenfällige Eigenschaften, so kann es sein, daß ihm die Regelmäßigkeit von E völlig entgeht. So ist z.B. eine Homeomorphie (stetige und umkehrbar stetige Transformation) für die nichtmathematischen Beschauer nur schwach auffallend. Die einfach geschlossenen Kurven machen trotz ihrer Gleichartigkeit in der Gruppe der Homeographien im allgemeinen keinen Eindruck einer Regelmäßigkeit.

Anders ausgedrückt: Ein Ebenmaß wird nur dann erkannt werden, wenn die Transformationen von E im üblichen Sinn die *Form* von E bewahren. So werden z.B. die affinen Transformationen schon eher als die projektiven Abbildungen in Frage kommen, aber auch sie wird man im allgemeinen noch als entstellend und

---

*) Wir nennen eine Menge in bezug auf eine Transformation oder Abbildung stabil (fr. stable), wenn sie (als Ganzes) in sich übergeführt wird. (Das Wort „fest" oder „fix" behalten wir also solchen Mengen vor, deren Elemente alle, aber jedes für sich, fest bleiben.)

verzerrend empfinden. Die Paare (E, E), die man üblicherweise regelmäßig oder symmetrisch nennen wird, sind die, in denen E ein Teil des euklidischen Raumes ist, und bei denen jedes Element von E die Beschränkung einer räumlichen Isometrie oder ausnahmsweise einer Ähnlichkeitsabbildung auf E ist.

Wir werden hier die Grundtatsachen der Regelmäßigkeit von Mengen betrachten. Eine Untersuchung, die mehr der Ästhetik, der Mechanik oder der Physik gewidmet wäre, würde auch die Regelmäßigkeit der Farben (mit allen Feinheiten des Spektrums), der Masse, der chemischen Zusammensetzung, des Magnetismus usw. berücksichtigt müssen.

55. Konstruktion regelmäßiger Paare (E, E)

Es soll nun ein systematisches Vorgehen zur Konstruktion von regelmäßigen Paaren (E, E) angeben werden, das wir auf die Ebene und auf den Raum anwenden können.

Es sei A eine Menge, die wir mit einer Gruppe A von Transformationen versehen.

Für jedes $X \subset A$ und alle $f \in A$ hat man $f(X) \subset f(A) = A$. Wir setzen $A(X) = E = \bigcup_{f \in A} f(X)$. Für jedes $g \in A$ hat man

$$g(E) = g\left(\bigcup_f f(X)\right) = \bigcup_f g \circ f(X).$$

Nun ist A eine Gruppe, die Menge der $g \circ f$ (wobei f A durchläuft) ist also mit A identisch. Wir haben also

$$g(E) = E \text{ für alle } g \in A.$$

Bezeichnet man mit E die Menge der auf E beschränkten Transformationen von A, so ist E eine Gruppe von Transformationen von E (offensichtlich kann es vorkommen, daß bei passender Wahl von X die Menge E auch für andere interessante Transformationen als die von E stabil bleibt).

Man sagt, daß (E, E) durch X in (A, A) *erzeugt* wird. In der Sprache der bildenden Kunst könnte man sagen, daß X das *Motiv* ist, daß E erzeugt.

Die Abbildung, die jedem f von A seine Beschränkung auf E zuordnet, ist eine Abbildung der Gruppe A auf die Gruppe E; sie ist im allgemeinen nicht eineindeutig.

Das einfachste Motiv besteht nur aus einem Punkt: Für jeden Punkt $x \in A$ heißt die Menge $E = A(\{x\})$ die *Bahnkurve (Trajektorie)* von x in bezug auf die Gruppe A. Die Bahnkurven sind die Äquivalenzklassen der folgenden Relation über A:

$$(x \sim y), \text{ wenn } f \in A \text{ existiert, so daß } f(x) = y.$$

Die verschiedenen Bahnkurven von A können unterschiedliche Struktur aufweisen. Ist A z.B. die Gruppe, die in einer Ebene A durch zwei Spiegelungen an senkrechten Achsen erzeugt wird, so können die Bahnkurven einen Punkt, 2, 3 oder 4 Punkte enthalten.

Die Relation $A(\underset{i}{\cup} X_i) = \underset{i}{\cup} A(X_i)$ zeigt, daß die Mengen $A(X)$ nichts anderes sind als die Vereinigungen von Bahnkurven; die Mengen E sind also bekannt, sobald man alle Bahnkurven von A kennt.

Der Fall der euklidischen Räume

Wenn A eine Ebene (oder allgemeiner ein euklidischer Raum) ist, und A eine Gruppe von Ähnlichkeitsabbildungen, interessiert man sich im allgemeinen nur für den Fall, bei dem A eine abgeschlossene Gruppe ist oder für Paare (E, E), in denen E abgeschlossen ist.

Die Klassifikation der abgeschlossenen Gruppen von Ähnlichkeitsabbildungen, wie sie oben gegeben wurde, vereinfacht die Untersuchung der in bezug auf eine solche Gruppe stabilen Mengen E. Es sind in der Tat Vereinigungen von Bahnkurven, und die Bestimmung dieser Bahnkurven für jede der von uns betrachteten Gruppen ist leicht.

Viele dieser Gruppen führen zu wenig interessanten Mengen E, z.B. wenn jede Bahnkurve mit dem ganzen Raum A identisch ist! Andererseits liefern die unendlichen diskreten Gruppen von Isometrien und die Gruppen der paarigen Ähnlichkeitsabbildungen um einen Punkt recht ansprechende dekorative Figuren.

56. Symmetrie-Elemente einer gegebenen Menge

Wir haben soeben gesehen, wie wir für jede Gruppe A von Ähnlichkeitsabbildungen von Π die Mengen E bestimmen können, die bei A stabil bleiben; wir haben außerdem auch schon bemerkt, daß eine solche Menge E auch bei anderen Ähnlichkeitsabbildungen als denen von A stabil bleiben kann. Es stellt sich nun ganz allgemein die Frage, für jedes $E \subset \Pi$ die Menge E der Ähnlichkeitsabbildungen f von Π zu bestimmen, für die $f(E) = E$ ist. Diese Menge bildet offenbar eine Gruppe G.

In der Elementargeometrie ist es üblich geworden, sich nur für die Elemente von G zu interessieren, die Achsen- oder Punktspiegelungen sind. Nun bildet die Menge dieser Spiegelungen im allgemeinen keine Gruppe; man verpaßt so eine günstige Gelegenheit, eine Gruppe von Transformationen zu untersuchen, und man verwehrt es sich, die erhaltenen Spiegelungen zusammenzusetzen. Andererseits vergißt man die bedeutende Rolle der Translationen und der zentrischen Streckungen, wenn man sich nur auf Spiegelungen beschränkt. So besteht z.B. die beste Definition der Kegel und Zylinder des R^n darin, daß man die Kegel mit der Spitze 0 als die Menge ansieht, die in bezug auf die Gruppe der positiven zentrischen Streckungen mit dem Zentrum 0 stabil bleibt, und die Zylinder der Richtung δ als die Menge, die durch die Gruppe der Translationen parallel zu δ stabil gelassen wird.

Nichtsdestoweniger stehen die Achsen- und Punktspiegelungen einer Menge an erster Stelle, und es ist wichtig, daß die Schüler die Symmetrie-Elemente der folgenden einfachen Mengen kennen:

— Gerade, Halbgerade, Strecke (Intervall), Punktepaar
— Vereinigung von zwei Geraden (schneidend, rechtwinklig oder nicht, parallel)
— Vereinigung von zwei Halbgeraden mit demselben Ursprung
— Gleichschenkliges Dreieck, gleichseitiges Dreieck, Rechteck.

Später wird man die Symmetrien der Vereinigung von zwei Kreisen, eines Kreises und einer Geraden untersuchen.

Zwei einfache Prinzipien stehen am Anfang der Betrachtungen der Achsen- und Punktsymmetrien:

1. Sind A und B bei einer Spiegelung φ stabil, so gilt dies auch für $A \cup B$, $A \cap B$ und die Komplemente von A und B.

2. Ist φ eine Spiegelung, so gilt für jedes X, daß die Mengen $X \cap \varphi(X)$ und $X \cup \varphi(X)$ bei φ stabil bleiben. Eine andere sehr nützliche Eigenschaft ist die folgende:

3. Ist (G_i) eine endliche Familie von verschiedenen Geraden, so ist jede in $\cup G_i$ enthaltene Gerade eine dieser Geraden G_i.

In der Tat enthält jede Gerade unendlich viele Punkte; sie trifft also eine der Geraden G_i (Schubkastenprinzip) in wenigstens zwei verschiedenen Punkten, ist also mit dieser Geraden identisch.

Offensichtlich kann man einen analogen Satz für die Familie der Kreise und für die Familie der Kreise und Geraden aussprechen. Man kann selbst (indem man davon Gebrauch macht, daß die Mächtigkeit des Kontinuums größer ist als die der abzählbaren Mengen) diese Sätze auf den Fall der abzählbaren Familien ausdehnen.

Wir werden nur ein Beispiel behandeln.

Beispiel. Wir setzen als bekannt voraus, daß die einzigen Symmetrieachsen einer Geraden G die Gerade selbst und ihre Senkrechten sind. Wir suchen jetzt die Symmetrieachsen der Vereinigung von zwei verschiedenen parallelen Geraden A und B. Die gemeinsamen Achsen von A und B sind die Senkrechten von A und B. Andererseits sind A und B symmetrisch zu der zwischen ihnen liegenden Mittelparallele D, also ist D Symmetrieachse von $A \cup B$.

Es ist nun zu zeigen, daß $A \cup B$ keine andere als diese Symmetrieachsen besitzt. Es sei nun φ eine Spiegelung an der Achse C, so daß $\varphi(A \cup B) = A \cup B$. Es gilt nun $\varphi(A) \subset A \cup B$, also ist nach der eben erwähnten Eigenschaft 3 die Gerade $\varphi(A)$ gleich A oder B. Ist $\varphi(A) = A$, so ist C eine Symmetrieachse von A; C = A scheidet aus, also ist C eine Senkrechte zu A. Ist $\varphi(A) = B$, so folgt, daß C weder A noch B trifft, also ist C parallel zu A und B und zu beiden Geraden äquidistant. C ist also die bereits gefundene Achse D.

Übungen zum Kapitel IV

1. Es seien A, B zwei Geraden von Π, $\alpha(x)$ und $\beta(x)$ die Abstände des Punktes x von A bzw. B und $f(x) = \alpha(x) + \beta(x)$ für jedes $x \in \Pi$. Bestimme die Menge der x, für die $f(x) \leqslant l$ [oder $f(x) = l$] mit $l > 0$ ist.

Ist G irgendeine Gerade, so sind die Punkte x von G zu bestimmen, die $f(x)$ zum Minimum machen. Wann gibt es nur ein einziges derartiges x?

2. Es sei (G_i) eine endliche Familie von Geraden und $\alpha_i(x)$ für jedes $x \in \Pi$ der Abstand x von G_i. Es ist zu zeigen, daß jede der Funktionen α_i konvex ist.

Daraus ist herzuleiten, daß die Menge der x, für die $\Sigma\lambda_i\alpha_i(x) \leqslant l$ mit $\lambda_i \geqslant 0, l \geqslant 0$ ist, ein konvexes begrenztes oder unbegrenztes Polygon ist.

3. G sei eine Gerade von Π und es seien a, b $\in \Pi$. Für jedes $x \in G$ setzen wir $f(x) = d(a, x) + d(b, x)$.

Beweise, daß f konvex ist. Für welche Punkte x von G nimmt die Funktion f ein Minimum an? Die gleiche Frage für das Maximum von $|d(a, x) - d(b, x)|$.

4. Es seien A, B zwei verschiedene parallele Geraden und a, b $\in \Pi$. Dann sind $x \in A$, $y \in B$ so zu bestimmen, daß die Summe

$$d(a, x) + d(x, y) + d(y, b)$$

zum Minimum wird.

Dieselbe Frage unter der Bedingung, daß $\Gamma(x, y)$ eine gegebene Richtung δ besitzt.

5. Es seien (a_i, b_i) $(i = 1, 2, 3)$ drei Paare gleichweit entfernter Punkte in Π. Gibt es drei Geraden G_i und ein Punktepaar (a, b) in Π, so daß (a_i, b_i) für alle i das Spiegelbild von (a, b) in bezug auf G_i ist?

6. Mit f (bzw. g) bezeichnen wir die Drehung mit dem Winkel θ um x (bzw. mit $-\theta$ und um y). Bestimme $g \circ f$.

7. (a_1, a_2, a_3) sei ein Tripel von verschiedenen Punkten von Π, $\hat{a}_i$ seien die Winkel dieses Tripels (vgl. das folgende Kapitel). Was ist das Produkt $f_3 \circ f_2 \circ f_1$, wobei f_i die Drehung mit dem Winkel $\hat{a}_i$ und um a_i bedeutet?

8. Es seien a, b $\in \Pi$ mit $a \neq b$, und f sei eine Drehung um a.

a) Bestimme die Menge B der Drehungen g mit dem Zentrum b, so daß $g \circ f$ eine Drehung ist.

b) Menge der Drehzentren von $g \circ f$ mit $g \in B$?

9. G sei eine Untergruppe von J_0. Es ist zu beweisen, daß G durch ihre Achsenspiegelungen erzeugt wird, wenn wenigstens eine Achsenspiegelung in G enthalten ist.

10. Welches ist die Ordnung der Isometrie-Gruppen von X, wenn X eine der folgenden Mengen ist:

Die Menge der Eckpunkte eines gleichseitigen Dreiecks, eines Quadrates, eines Rechtecks, einer Raute?

11. A, B seien zwei Geraden von Π und $a \in A$, $b \in B$. Es sollen die paarigen Isometrien f untersucht werden, für die $f(a) \in A$ und $f(b) \in B$ ist.

12. Es sei Z der aus der Menge der ganzen Zahlen gebildete metrische Unterraum von R. Es sollen alle Einteilungen (Zerlegungen) von Z in zwei isometrische Mengen bestimmt werden. Dasselbe Problem für N, für R und für R_+.

13. Alle Einteilungen von Π in zwei isometrische Mengen sind zu ermitteln.

14. A und B seien zwei Teilmengen von Π, so daß $A \cap B$ wenigstens zwei Punkte x_1 und x_2 enthält. Es ist zu zeigen, daß, wenn es eine Isometrie f von A auf B gibt, deren Beschränkung auf $A \cap B$ die Identität ist, entweder f die Identität ist oder $A \cap B = (A \cup B) \cap \Gamma(x_1, x_2)$ gilt.

Welcher Zusammenhang besteht zwischen dieser Eigenschaft und der Tatsache, daß die Kante eines gefalteten Blattes Papier stets Teil einer Geraden ist?

15. f sei eine paarige Ähnlichkeitsabbildung von Π und λ irgendeine Zahl. Ferner sei für jedes $x \in \Pi$ der Punkt $f_\lambda(x)$ der, der $(x, f(x))$ im Verhältnis λ teilt. Was läßt sich über die Abbildung $x \to f_\lambda(x)$ aussagen?

16. A_i ($i = 1, 2, 3$) seien drei Geraden von Π und $a_i \in A_i$ ($i = 1, 2, 3$).
a) Ist F die Menge der paarigen Ähnlichkeitsabbildungen f, für die $f(a_i) \in A_i$ ($i = 1, 2, 3$), so soll bewiesen werden, daß entweder alle Ähnlichkeitsabbildungen f dasselbe Zentrum a besitzen oder daß sie alle Translationen sind.
Was kann man über die Menge der Punkte $f(x)$ mit $f \in F$ aussagen, wenn x irgendein Punkt von Π mit $x \neq a$ ist?

b) Welche Beziehung besteht zwischen F und G, der Menge der paarigen Ähnlichkeitsabbildungen g, für die $a_i \in g(A_i)$ mit $i = 1, 2, 3$ ist.

17. Es sei $(0, a, b)$ ein Tripel von Π, so daß a und b von 0 verschieden sind. Es sollen die Abbildungen f von Π in Π bezeichnet werden, für die bei jedem $x \in \Pi$ das Tripel $(0, x, f(x))$ entweder das Tripel $(0, 0, 0)$ oder das durch eine paarige Ähnlichkeitsabbildung erzeugte Bild von $(0, a, b)$ ist.

18. Es sei E irgendeine Menge und G eine kommutative und einfach transitive Gruppe von Transformationen von E. Ferner seien a, b zwei Punkte von E und es sei f eine Abbildung von E in E, so daß für jedes $x \in E$ ein $g \in G$ mit $g(a) = x$ und $g(b) = f(x)$ existiert. Was kann man über f sagen?

19. Aus der Übung 9 des Kapitels II soll die Klassifikation der abgeschlossenen Gruppen von Dilatationen von Π (und von R^n), wie in Nr. 53 angedeutet, hergeleitet werden.

Übungen mit Transmutierten. Bezeichnen f und g zwei Transformationen einer Menge E, so nennt man die Transformation $g \circ f \circ g^{-1}$ die durch g erzeugte *Transmutierte* von f (für jedes x); sie führt $g(x)$ in $g(f(x))$ über.

20. Es sei f die zentrische Streckung mit dem Zentrum a und dem Maßstab k. Es ist zu zeigen, daß die durch jede Ähnlichkeitsabbildung g (und allgemeiner durch jede affine Transformation) erzeugte Transmutierte von f eine zentrische Streckung mit dem Zentrum $g(0)$ und dem Maßstab k ist. (Anleitung: Man behandele zunächst den Fall $g(0) = 0$ und den Fall, in dem g eine Translation ist.)

21. Es soll gezeigt werden, daß die durch eine lineare Transformation g erzeugte Transmutierte jeder Translation $x \to x + b$ wieder eine Translation $x \to x + g(b)$ ist.

22. f sei eine Spiegelung an einer Achse A und g irgendeine Ähnlichkeitsabbildung. Man zeige, daß die durch g erzeugte Transmutierte von f die Spiegelung an der Achse $g(A)$ ist.

23. Mit f_i sei die Spiegelung an der Achse A_i $(i = 1, 2, \ldots, n)$ und mit g irgendeine Ähnlichkeitsabbildung bezeichnet. Zu beweisen, daß die durch g erzeugte Transmutierte von $f_1 \circ f_2 \circ \ldots \circ f_n$ die Abbildung $f_1' \circ f_2' \circ \ldots \circ f_n'$ ist, wobei die f_i' die Spiegelungen an den Achsen $g(A_i)$ sind.

24. Die durch die Ähnlichkeitsabbildung g erzeugte Transmutierte der Drehung f mit dem Winkel θ um a ist eine Drehung um $g(a)$ mit dem Winkel θ oder $-\theta$, je nachdem g paarig oder unpaarig ist. Dies ist zu zeigen.

V. Die Winkel

A. Die Gruppe der Winkel

57. Die Schwierigkeiten des Winkelbegriffs

Der Begriff des Winkels ist ohne Zweifel derjenige, der im Geometrieunterricht am meisten zu Erörterungen anregt und Schwierigkeiten bereitet.

Letztere werden zum Teil durch eine ungenaue Terminologie, zum Teil durch eine verwirrende Mischung mehrerer mathematischer Begriffe und schließlich auch durch die echte mathematische Schwierigkeit dieser Frage verschuldet.

Die erste Verwirrung entsteht dadurch, daß das gleiche Wort „Winkel" benutzt wird, um mehr oder weniger verbundene, aber nichtsdestoweniger verschiedene Dinge zu bezeichnen wie einen ebenen Sektor, ein Paar von Halbgeraden, ein Maß usw. Die am wenigsten ausgefeilte Definition ist die folgende: Ein Winkel mit dem Scheitel 0 (oder ebener Sektor) ist der Durchschnitt von zwei Halbebenen, deren Randgeraden verschieden sind und durch 0 verlaufen.

Diese Definition wird beim Zeichnen, Schneiden, beim Messen mit dem Winkelmesser, mit einem Wort in der „anschaulichen" Geometrie der Schüler bis zu 12 oder 13 Jahren angewendet. Sie führt von dem Augenblick an zu Schwierigkeiten, von dem ab man mehrere genügend große Winkel addieren will; vielfach werden dann mit Hilfe sich spiralig überlagernder Winkel (größer als $360°$) unklare Erklärungen und Definitionen gegeben, die die Angelegenheit verdunkeln und den Winkelbegriff als Mausefalle erscheinen lassen.

Man vermeidet gewisse dieser Komplikationen, wenn man den Winkel entlastet: Man betrachtet ihn nicht mehr als Teil der Ebene, sondern ein geordnetes Paar von Halbgeraden mit demselben Ursprung. Nichtsdestoweniger bleiben Schwierigkeiten bestehen, wenn man zwei Winkel addieren will. Um sie zu bewältigen, muß man zunächst in der Menge der Paare von Halbgeraden eine Äquivalenzrelation einführen und dann über der zu dieser Relation gehörigen Quotientenmenge die Addition definieren. Dieser Weg ist korrekt, aber recht beschwerlich.

Um diese Beschwerlichkeiten zu umgehen, haben einige Autoren die Existenz eines „Maßes" auf der Menge der geordneten Paare von (nicht entgegengesetzt gerichteten) Halbgeraden und die Additivität dieses Maßes für die „kleinen Winkel" postuliert. Bei einem Anschein von Strenge ist eine solche Axiomatik letzten Endes unglücklich, weil sie die wesentlichen Unterschiede zwischen der Gruppe der Winkel und der additiven Gruppe R verschleiert, z.B. die Tatsache, daß in der ersten aus $\theta + \theta = 0$ nicht $\theta = 0$ folgt. Andererseits ist sie selbst am Anfang der Elementargeometrie wenig handlich, weil sie nicht die Iteration der einfachen Operation der Verdopplung $\theta \rightarrow 2\theta$ erlaubt.

In jeder genauen Definition sind die Winkel recht abstrakte Dinge. Das unterricht-
liche Problem besteht darin, diese Abstraktion zugänglich zu machen und eine
Definition anzugeben, deren Begriffe anschaulich sind.

Einem Algebraiker würde z. B. die folgende Definition ausgezeichnet erscheinen:
Man bemerkt zunächst, daß die Menge T der Translationen von Π eine invariante
Untergruppe der Gruppe J^+ der paarigen Isometrien ist (da die durch eine Isometrie erzeugte Transmutierte einer Translation wieder eine Translation ist), und definiert als Gruppe der Winkel die Quotientengruppe J^+/T. Der Winkel einer paarigen
Isometrie f wird das kanonische Bild von f in diesem Quotienten sein. Bezeichnet f
die paarige Isometrie, die A in B transformiert, so wird man für jedes Paar (A, B)
von Halbgeraden in Π

$$\text{Winkel (A, B), mit } \widehat{AB} \text{ oder } \measuredangle \text{ AB bezeichnet} = \text{Winkel von f}$$

setzen. Eine solche Definition setzt eine gute Kenntnis der Gruppentheorie voraus.
Wir werden eine leichter faßbare Definition wählen, indem wir die Winkel mit den
Drehungen um einen Punkt 0 identifizieren; man wird dazu umgehend zeigen, daß
es auf die Wahl von 0 nicht ankommt.

Am Schluß dieser Erörterung sei darauf hingewiesen, daß wir einen großen Teil
der Geometrie aufgebaut haben, ohne jemals von Winkeln zu sprechen:

Die affine Struktur von Π, der Satz des Pythagoras, die Theorie der Ähnlichkeitsabbildungen sind begründet worden, ohne Winkel oder kongruente Dreiecke zu
verwenden.

Der Mißbrauch der Winkel in unserem Unterricht hat historische Gründe. Einerseits
finden sich die Winkel unter den grundlegenden Ausdrücken der euklidischen Axiomatik, und lange Zeit hat man das Parallelenaxiom mit Hilfe von Winkeln formuliert. Andererseits haben es die Nachfolger Euklids für notwendig erachtet, nachdem sie die Begriffe des orientierten Winkels und des Winkels zwischen Geraden
genügend verstanden hatten, davon einen allgemeinen Gebrauch zu machen, wie
er nicht gerechtfertigt ist.

Man kann sogar beinahe die ganze Geometrie entwickeln, ohne jemals vom „Winkelmaß" zu sprechen, das ein wesentliches Hilfsmittel in der Analysis und in der ange-
wandten Mathematik ist, das aber in der Geometrie oft nur aus Bequemlichkeit
verwendet wird und manchmal auch eine Quelle von Fehlern darstellt.

58. Definition und Bezeichnungen

Definition 58.1. *Für irgendeinen Punkt $0 \in \Pi$ bezeichnet man jede Drehung um 0
als Winkel mit dem Scheitel 0. Bei jedem Paar (A_1, A_2) von Halbgeraden mit dem
Ursprung 0 bezeichnet man als Winkel dieses Paares die Drehung um 0, die A_1 in
A_2 überführt, geschrieben $\measuredangle A_1 A_2$ oder $\widehat{A_1 A_2}$.*

Die Menge der Winkel mit dem Scheitel 0 ist also nichts anderes als die Menge der Drehungen um 0; sie bildet also eine kommutative Gruppe. In der Terminologie der Winkel schreibt man die Operation additiv. Diese Bezeichnung ist durch die Tatsache gerechtfertigt, daß das Winkelmaß eine enge Verbindung zwischen der Addition der Zahlen und der der Winkel herstellen wird.

Vergleich von Winkeln mit verschiedenen Scheiteln. Der Begriff des Winkels würde wenig nützlich sein, wenn man damit nicht auch Winkel mit verschiedenen Scheiteln vergleichen könnte. Die Translation wird uns diesen Vergleich ermöglichen: Die Translation $I_{a,b}$, die a in b überführt, ist für alle a, b $\in \Pi$ ein Isomorphismus der zentrierten Ebene (Π, a) auf die zentrierte Ebene (Π, b) und zwar für die Struktur des vektoriellen Raumes und für die metrische Struktur, und dieser Isomorphismus ist *transitiv* in dem Sinne, daß für alle a, b, c $\in \Pi$

$$I_{c,a} = I_{c,b} \circ I_{b,a}$$

gilt.

Da die Drehungen mit Hilfe der Begriffe Gerade und Distanz definiert sind, so erzeugt der Isomorphismus $I_{b,a}$ einen Isomorphismus der additiven Gruppe der Winkel mit dem Scheitel a auf die additive Gruppe der Winkel mit dem Scheitel b, den wir auch noch mit $I_{b,a}$ bezeichnen werden. Am einfachsten werden wir nun so wie bei der Definition der Menge N der natürlichen Zahlen vorgehen:
Wir wählen einen willkürlichen Ursprung a in Π und identifizieren durch die Isomorphismus $I_{b,a}$ jeden Winkel mit dem Scheitel b mit dem entsprechenden Winkel mit dem Scheitel a. Die Transitivität des Isomorphismus I garantiert den Zusammenhalt dieser Identifikation. Es seien nun A_1, A_2 irgendzwei Halbgeraden mit dem Ursprung a. Da der Isomorphismus $I_{b,a}$ von (Π, a) auf (Π, b) jede Halbgerade A_i in die zu ihr parallele Halbgerade B_i mit dem Ursprung b überführt, so ergibt sich bei der angenommenen Zuordnung*)

$$\sphericalangle A_1 A_2 = \sphericalangle B_1 B_2.$$

Diese Betrachtungen rechtfertigen die folgende Definition, die offensichtlich nur vom gewählten Ursprung 0 abhängt:

Definition 58.2. *In der zentrierten Ebene* $(\Pi, 0)$ *bezeichnen wir als Winkel des Paares* (D_1, D_2) *von Halbgeraden mit irgendeinem Ursprung den Winkel mit dem Scheitel 0 von Halbgeraden* D'_1, D'_2, *die durch 0 parallel zu* D_1 *bzw.* D_2 *verlaufen. Wir schreiben* $\sphericalangle D_1 D_2$. *Mit* A *bezeichnen wir die additive Gruppe der Winkel.*

---

*) Man könnte leicht Familien $(I'_{b,a})$ von transitiven Isomorphismen der Menge der zentrierten Ebenen (Π, x) konstruieren, für welche diese Gleichheit nicht immer gilt, aber die einzige „natürliche" Familie ist die von uns verwendete.

Weitere Bezeichnungen. Der Bezeichnung $\sphericalangle\, D_1 D_2$ wollen wir andere an die
Seite stellen. Ist allgemein E eine Menge mathematischer Elemente, von denen
jedes einer Halbgerade von Π oder einer Menge von parallelen Halbgeraden von Π
zugeordnet ist, so wird man mit $\sphericalangle\, xy$ (x, y $\in$ E) den Winkel bezeichnen, den die
x und y zugeordneten Halbgeraden bilden.

So ordnet man z.B. jedem Vektor x $\neq$ 0 von (Π, 0) die Halbgerade D (0, x) zu.
Jeder orientierten Gerade D ordnet man die positiven Halbgeraden von D zu. Man
könnte also vom Winkel $\sphericalangle\, xD$ sprechen. In der gleichen Weise gibt die Bezeichnung
$\sphericalangle\, abc$ (a, b, c $\in$ Π mit a $\neq$ b, c $\neq$ b) den Winkel der Halbgeraden D (b, a) und
D (b, c) an.

Der Nullwinkel und der gestreckte Winkel. In der additiven Gruppe A wird man
mit 0 das neutrale Element und mit $\overline{\omega}$ den der Punktspiegelung an 0 zugeordneten
Winkel bezeichnen. ($\overline{\omega}$ soll an π und an die Geradlinigkeit erinnern.) Für jedes
Paar (D_1, D_2) von Halbgeraden mit demselben Ursprung gelten also die folgenden
Äquivalenzen:

$$(\sphericalangle\, D_1 D_2 = 0) \Leftrightarrow (D_1 = D_2)$$

$$(\sphericalangle\, D_1 D_2 = \overline{\omega}) \Leftrightarrow (D_1 \text{ und } D_2 \text{ sind entgegengesetzt gerichtet.})$$

Ferner ist $\overline{\omega} + \overline{\omega} = 0$, bzw. $-\overline{\omega} = \overline{\omega}$.

Formel von Chasles. A, B, C seien drei Halbgeraden mit irgendeinem Ursprung 0.
Die Drehung, die A in C überführt, ist das Produkt aus der, die A in B, und der,
die B in C überführt, d.h. es gilt

$$\sphericalangle\, AC = \sphericalangle\, AB + \sphericalangle\, BC.$$

Insbesondere haben wir

$$\sphericalangle\, AB + \sphericalangle\, BA = \sphericalangle\, AA = 0, \text{ d.h. } \sphericalangle\, AB = -\sphericalangle\, BA.$$

Allgemeiner gilt für jede endliche Folge (D_1, D_2, . . . , D_n) von Halbgeraden mit
dem Ursprung 0 die Gleichung

$$\sphericalangle\, D_1 D_n = \sphericalangle\, D_1 D_2 + \sphericalangle\, D_2 D_3 + . . . + \sphericalangle\, D_{n-1} D_n.$$

Diese Beziehung heißt die Formel von Chasles. Sie läßt sich offensichtlich (durch
Parallelität) auf den Fall von Halbgeraden mit irgendwelchen Ursprungspunkten
erweitern.

59. Winkelsumme eines ebenen geschlossenen Polygons

Es sei P ein geschlossenens Polygon mit n Ecken, d.h. eine Folge (a_1, a_2, . . . , a_n)
von Punkten von Π, die bis auf eine zyklische Permutation bestimmt ist.

Für alle i sei $a_i \neq a_{i+1}$ (also auch $a_n \neq a_1$) angenommen und die Halbgerade $D(a_i, a_{i+1})$ mit δ_i bezeichnet. Der Winkel $\measuredangle \delta_{i-1} \delta_i$ heißt der Außenwinkel, der Winkel $\measuredangle a_{i-1} a_i a_{i+1}$ Innenwinkel des Polygons P in a_i.

Satz 59.1. *Die Summe der Außenwinkel jedes ebenen geschlossenen Polygons ist* 0.

Beweis. Nach der Formel von Chasles gilt in der Tat

$$\measuredangle \delta_1 \delta_2 + \measuredangle \delta_2 \delta_3 + \ldots + \measuredangle \delta_n \delta_1 = \measuredangle \delta_1 \delta_1 = 0.$$

Zusatz 59.2. *Die Summe der Innenwinkel jedes ebenen geschlossenen Polygons ist* 0 *oder* $\bar{\omega}$, *je nachdem die Anzahl seiner Ecken gerade oder ungerade ist.*

Ist δ'_{i-1} die Halbgerade $D(a_i, a_{i-1})$, so hat man $\measuredangle \delta_{i-1} \delta'_{i-1} = \bar{\omega}$.

Also ist

$$\measuredangle a_{i-1} a_i a_{i+1} = \measuredangle \delta'_{i-1} \delta_{i-1} + \measuredangle \delta_{i-1} \delta_i = \bar{\omega} + \measuredangle \delta_{i-1} \delta_i.$$

Die Summe dieser Winkel beträgt also $n \bar{\omega} + 0 = 0$ oder $\bar{\omega}$, je nachdem n gerade oder ungerade ist (da $\bar{\omega} + \bar{\omega} = 0$).

Insbesondere ist die Winkelsumme in einem Dreieck (a_1, a_2, a_3) gleich $\bar{\omega}$. Nach Definition der Orientierung wird man diese Angabe dahingehend verfeinern, daß man zeigt, daß die Winkel eines solchen Tripels alle die gleiche Orientierung besitzen.

B. Winkel und Ähnlichkeitsabbildungen

60. Symmetrie eines Winkels

Hilfssatz 60.1. *Es sei* σ *eine Spiegelung, deren Achse durch* 0 *verläuft. Dann gilt für jedes Paar* (A, B) *von Halbgeraden mit dem Ursprung* 0

$\measuredangle A'B' = - \measuredangle AB$, wobei $A' = \sigma(A)$ und $B' = \sigma(B)$.

Beweis. Es sei D irgendeine der beiden Halbgeraden mit dem Ursprung 0, die auf der Achse von σ liegen und τ die Spiegelung, die D mit A' vertauscht. Die Drehung $\tau \cdot \sigma$ transformiert D in A' und A in D, woraus $\measuredangle DA' = \measuredangle AD$ folgt. In gleicher Weise folgt $\measuredangle DB' = \measuredangle BD$. Daraus ergibt sich

$\measuredangle A'B' = \measuredangle A'D + \measuredangle DB' = \measuredangle DA + \measuredangle BD = \measuredangle BA$ oder $- \measuredangle AB$.

61. Transformation eines Winkels durch eine Ähnlichkeitsabbildung

Satz 61.1. *Es gilt für jedes Paar* (A, B) *von Halbgeraden in* Π *und für jede Ähnlichkeitsabbildung* f *von* Π

$\measuredangle f(A) f(B) = \measuredangle AB$, *wenn* f *paarig, bzw.* $= - \measuredangle AB$, *wenn* f *unpaarig ist.*

Beweis. Jede Ähnlichkeitsabbildung f ist das Produkt einer Dilatation mit positivem Maßstab und einer Isometrie derselben Paarigkeit wie f, die den Ursprung 0 fest läßt. Da eine solche Dilatation die Richtung der Halbgeraden und daher auch die Winkel nicht ändert, werden wir auf den Fall zurückgeführt, in dem f eine Isometrie um 0 ist.

Da andererseits die durch f erzeugten Bilder der parallelen Halbgeraden wieder parallele Halbgeraden sind, so nehmen wir A und B mit dem Ursprung 0 an.

Ist f unpaarig, so ist f eine Achsenspiegelung, und nach dem Hilfssatz 60.1 ergibt sich

$$\sphericalangle \, f(A) \, f(B) = - \sphericalangle \, AB.$$

Ist f paarig, so liegt ein Produkt von zwei Achsenspiegelungen vor, und die gesuchte Gleichheit folgt aus

$$-(-\sphericalangle \, AB) = \sphericalangle \, AB.$$

62. Charakterisierung der Drehungen

Satz 62.1. *Es sei θ ein Winkel, $a \in \Pi$ und f eine Abbildung von Π in Π. Die Aussage, daß f die Drehung mit θ um a ist, ist der anderen Aussage gleichwertig, daß $f(a) = a$ und daß für alle $x \neq a$ die Beziehungen*

$$d(a, x) = d(a, f(x)) \; und \; \sphericalangle \, xa\,f(x) = \theta$$

gelten.

Beweis. Die Drehung um a mit θ besitzt in der Tat diese Eigenschaften. Andererseits definieren die Beziehungen $d(a, x) = d(a, y)$ und $\sphericalangle \, xay = \theta$ für jedes $x \neq a$ genau ein y. Daher ist die Abbildung f mit den gegebenen Eigenschaften die Drehung um a mit θ.

Satz 62.2. *Wir betrachten $a \in \Pi$ und die Abbildung f von Π in Π. Die Aussage, daß f eine Drehung um a ist, bedeutet das Gleiche wie die Aussage, daß*

a) $f(a) = a$
b) $d(a, x) = d(a, f(x))$ *für jedes* $x \neq a$
c) $\sphericalangle \, xay = \sphericalangle \, f(x) \, a \, f(y)$ *für alle* $x, y \neq a$.

Beweis. Nach Satz 61.1 besitzt jede Drehung um a die Eigenschaft c); die Eigenschaften **a)** und **b)** sind augenfällig. Umgekehrt: Besitzt f die Eigenschaft c), so liefert die Formel von Chasles für alle $x, y \neq a$

$$\sphericalangle \, xa\,f(x) = \sphericalangle \, xay + \sphericalangle \, ya\,f(y) + \sphericalangle \, f(y) \, a \, f(x) = \sphericalangle \, y \, a \, f(y).$$

Also ist $\sphericalangle \, xa\,f(x)$ gleich einer Konstanten θ, was auf den Satz 62.1 zurückführt.

63. Charakterisierung der Ähnlichkeitsabbildungen

Satz 63.1. *Es sei X eine nicht auf einer Geraden liegende Teilmenge von Π und f eine Injektion von X in Π.*
Gilt für jeweils drei verschiedene Punkte x, y z $\in$ Π *die Beziehung*

$$\sphericalangle \, f(x) \, f(y) \, f(z) = \sphericalangle \, xyz \; (bzw. \; -\sphericalangle \, xyz),$$

so ist f die Beschränkung einer einzigen Ähnlichkeitsabbildung von Π auf X. Diese Ähnlichkeitsabbildung ist direkt (bzw. umgekehrt).

Beweis. Indem man nach Bedarf f mit einer Achsenspiegelung zusammensetzt, kann man sich auf den Fall beschränken, in dem f die Winkel invariant läßt.

Es sei nun g die direkte d.h. orientierungstreue Ähnlichkeitsabbildung, die zwei beliebig gewählte Punkte (a, b) mit a, b $\in$ X in (f(a), f(b)) überführt.

Die Abbildung h = $g^{-1} \circ$ f von X in Π läßt a und b fest und die Winkel invariant. Es sind daher für jedes x $\in$ X mit x $\notin$ Γ(a, b) die Geraden Γ(a, x), Γ(b, x) winklig oder parallel zu den Geraden Γ(a, h(x)), Γ(b, h(x)), woraus h(x) = x folgt. Also ist h außerhalb von Γ(a, b) die Identität. Nun existiert nach Voraussetzung mindestens ein Punkt c $\notin$ Γ(a, b). Die gleiche Überlegung zeigt, daß h außerhalb Γ(a, c) die Identität ist, also ist h die Identität auf X, und da X drei nicht in einer Geraden liegende Punkte enthält, ist die einzige Ähnlichkeitsabbildung von Π, die h erweitert, die Identität. Anders ausgedrückt: f ist die Beschränkung der Abbildung g auf X, und diese Ähnlichkeitsabbildung ist die einzige.

Man wird bemerken, daß dieser Beweis den des Satzes 27.2 kopiert. Wie in diesem, so kann man die Einschränkung, daß f eineindeutig ist, vermeiden, aber dies würde den Wortlaut ein wenig komplizieren. Von der einschränkenden Voraussetzung, daß X nicht auf einer Geraden liegt, kann man sich dagegen nicht freimachen.

Bemerkung 63.2. Der Satz 63.1 wird insbesondere auf den Fall angewendet, daß X eine Menge von drei nicht in einer Geraden liegenden Punkten ist. Er liefert uns dann in genauer Formulierung einen Fall der „Ähnlichkeit" von Dreiecken; der Satz 61.1 ergibt den zweiten Fall. Daraus erschließt man sofort genau zwei Fälle der Kongruenz von Dreiecken.

Wir möchten ausdrücklich betonen, daß wir in keinem Teil unserer Entwicklung die Notwendigkeit dieser Fälle der Kongruenz und Ähnlichkeit gefühlt haben. Es scheint in der Tat festzustehen, daß ihr Gebrauch mit Ausnahme von eigens dafür erdachten Problemen nicht wesentlich ist und daß einige analytische oder einfache vektorielle Hilfsmittel sie im allgemeinen vorteilhaft ersetzen.

64. Halbieren eines Winkels

Satz 64.1. *Für jeden Winkel* α *hat die Gleichung* 2x = α *genau zwei Lösungen; ihre Differenz ist* $\bar{\omega}$.

Genauer: Sind A *und* B *zwei Halbgeraden mit irgendeinem Ursprung* 0, *so sind die Halbgeraden* D *mit dem Ursprung* 0, *für die* 2 ∢ AD = ∢ AB *(oder auch* ∢ AD = ∢ DB) *ist, die beiden auf der Symmetrieachse von* A *und* B *liegenden Halbgeraden.*

Beweis. Es seien A, B zwei von 0 ausgehende Halbgeraden, so daß ∢ AB = α. Die Beziehung 2 ∢ AD = ∢ AB schreibt sich auch 2 ∢ AD = ∢ AD + ∢ DB oder ∢ AD = ∢ DB. Sie ist also erfüllt, wenn D eine der beiden Halbgeraden D_1, D_2 ist, die auf der Symmetrieachse von A und B liegen (Hilfssatz 60.1). Nehmen wir umgekehrt an, daß ∢ AD = ∢ DB und B′ in bezug auf die Trägergerade von D symmetrisch zu A liegt, so zeigt der Hilfssatz 60.1, daß ∢ AD = ∢ DB′ ist, woraus ∢ DB′ = ∢ DB und damit B′ = B folgt.

Die Trägergerade von D ist daher die Achse der Spiegelung σ, die A und B vertauscht; also D = D_1 oder D_2.

Zusatz. a) *Die Gleichung* 2x = 0 *hat als Lösungen nur* 0 *oder* $\bar{\omega}$.
b) *Die Gleichung* 2x = $\bar{\omega}$ *hat zwei Lösungen (die man als rechte Winkel bezeichnet). Außerdem gilt*

$$(A \perp B) \Leftrightarrow (∢ AB \text{ ist ein rechter Winkel}).$$

Bemerkung. In gegenwärtigen Stadium unserer Entwicklung können wir in A keine Gleichungen der Form nx = 0 oder nx = α (n $\in$ Z) betrachten. Dies wird dagegen recht leicht sein, sobald wie wir über das Winkelmaß verfügen; es ist übrigens keineswegs unentbehrlich in der Elementargeometrie.

65. Winkel zweier Geraden

Definition 65.1. (A, B) *sei ein durch* 0 *verlaufendes Geradenpaar. Als Winkel dieses Paares bezeichnet man jede der Drehungen um* 0, *die* A *in* B *überführen.*

Es ist sofort klar, daß es zwei solche Winkel gibt: es sind die Winkel einer der Halbgeraden auf A mit jeder der Halbgeraden auf B; ihre Differenz ist $\bar{\omega}$.

Mit Hilfe von Parallelen leitet man daraus die Definition der Winkel von irgendzwei Geraden oder Richtungen her. Die folgende Verallgemeinerung wird den Winkelbegriff besser verstehen helfen.

A sei eine Vereinigung von Halbgeraden mit dem Ursprung 0, die in bezug auf eine Untergruppe G von R_0 invariant bleibt. Ferner sei $\rho \in R_0$ und B = ρ (A).

Die Drehungen ρ' mit B = ρ' (A) sind die Elemente von $\rho \circ$ G, woraus sich eine Fülle von Winkeln des Paares (A, B) ergibt. Will man dem Paar (A, B) unbedingt einen einzigen Pseudowinkel zuordnen, so würde dies ein Element des Gruppenquotienten R_0/G sein. In dem Fall, in dem A eine Gerade ist, ist G die Untergruppe $\{0, \bar{\omega}\}$ von R_0 (die mit A identifizierbar ist).

Sind α_1 und α_2 die beiden Winkel des Paares (A, B), so folgt aus $\alpha_2 = \alpha_1 + \bar{\omega}$ die Beziehung $2\alpha_2 = 2\alpha_1$, wie umgekehrt aus $2x = 2\alpha$ die Beziehung $x = \alpha_1$ oder $x = \alpha_1 + \bar{\omega} = \alpha_2$ folgt. Man erkennt, daß es zweckmäßig ist, dem Paar (A, B) nicht die Winkel α_1, α_2, sondern den doppelten Winkel $2\alpha_1 = 2\alpha_2$ zuzuordnen. Diese Bemerkung gestattet die Beseitigung mehrerer Schwierigkeiten, denen man bei der Verwendung der Winkel begegnet. Hierzu ein treffendes Beispiel: Es seien A und B zwei Geraden durch 0, und es sei α einer der beiden Winkel des Paares (A, B). Das Produkt der Spiegelungen an A, dann an B ist eine Drehung um 0. Wir wollen den Winkel der Drehung f bestimmen.

Es sei A_1 die eine der beiden von 0 ausgehenden Halbgeraden auf A und B_1 die Halbgerade auf B, für die $\sphericalangle\, A_1 B_1 = \alpha$ ist. Es ist $f(A_1)$ das Spiegelbild von A_1 in bezug auf B, woraus nach dem Hilfssatz 60.1

$$\sphericalangle\, A_1\, f(A_1) = \sphericalangle\, A_1 B_1 + \sphericalangle\, B_1\, f(A_1) = \sphericalangle\, A_1 B_1 - \sphericalangle\, B_1 A_1 = 2\alpha \text{ folgt.}$$

Der Winkel der Drehung f ist also 2α.

VI. Orientierung

66. Schwierigkeiten des Begriffs

Der Begriff der Orientierung wird wie der des Winkels im Unterricht als recht
schwierig empfinden. Mangels einer richtigen mathematischen Definition des Begriffs nimmt man seine Zuflucht zu einem um eine Achse drehbaren kleinen Männ-
chen, einem Korkenzieher oder zu drei abgespreizten Fingern der rechten oder
linken Hand, je nach dem Land.

Während nun die Theorie der Winkel eine echte Schwierigkeit bietet, rührt diejenige
bei der Orientierung lediglich von den Eigenschaften der Gruppe der Isometrien her.
Einer der Hindernisse für ein gutes Verständnis des Begriffs der Orientierung ist auf
das verwendete Material zurückzuführen: Dieses besteht im allgemeinen aus der
Menge der Paare (A, B) von nicht in einer Geraden liegenden Halbgeraden gleichen
Ursprungs. Nun ist jedem solchen Paar (A, B) ein entgegengesetzes Paar (B, A) zugeordnet und beide Paare haben entgegengesetzte Orientierungen. Ein solches Material vermischt den Begriff des geordneten Paares (oder allgemeiner einer geordneten Menge) mit dem Begriff der Orientierung. Gewiß existieren klare Verbindungen zwischen den beiden Begriffen, aber sie dürfen erst dann aufgezeigt werden, wenn der Begriff der Orientierung ohne den Rückgriff auf eine Ordnungsrelation klar erfaßt ist.

67. Orientierung von Teilmengen von Π

Wir werden einige Beispiele betrachten.

a) In Π gibt es Mengen von drei Punkten, deren gegenseitige Entfernungen 2, 3
und 4 betragen. Eine solche Menge liegt nicht auf einer Geraden, da $4 < 2 + 3$
(Zusatz 39.4 und Satz 39.5).

Es sei E die Menge dieser Teilmengen von Π.

Diese Menge ist in bezug auf die Gruppe J der Isometrien von Π stabil; andererseits ist J einfach transitiv auf E. In der Tat gibt es für alle X_1, $X_2 \in E$ eine ein-
deutige Abbildung f von X_1 auf X_2, die eine Isometrie ist, und f kann in eindeutiger
Weise in eine Isometrie von Π auf Π erweitert werden, da X_1 nicht auf einer Geraden liegt (Theorem 45.6).

Wir werden sagen, daß X_1 und X_2 *dieselbe Orientierung* haben, wenn die Isometrie
f mit $X_2 = f(X_1)$ in Π paarig ist (im gegenteiligen Fall werden wir sagen, daß X_1
und X_2 *entgegengesetzte Orientierungen* besitzen). Da J^+ eine Gruppe ist, so folgt
unmittelbar, daß diese Relation eine Äquivalenzrelation auf E ist.

Haben X_1, X_2 entgegengesetzte Orientierungen und ebenso X_2, X_3, so besitzen
X_1, X_3 dieselbe Orientierung, da das Produkt von zwei unpaarigen Isometrien
eine paarige Isometrie ist. Die Äquivalenzrelation auf E umfaßt also zwei Klassen:
Es sind die durch J^+ bzw. J^- erzeugten Bilder irgendeines Elementes X_0 von E.

Wir betrachten nun das, was man eine positive oder negative Orientierung nennt.
In willkürlicher Weise wählen wir ein Element X_0 von E als sogenanntes *Basis-Element*. Man wird nun sagen, daß ein Element X von E eine *positive* (bzw. *negative)* Orientierung besitzt, wenn X_0 und X dieselbe Orientierung (bzw. entgegengesetzte Orientierungen) haben. Genau müßte es heißen: X hat in bezug auf das Basis-Element X_0 eine positive Orientierung. Die Nichterwähnung des Basis-Elementes ist ohne Bedeutung, solange man weiß, welches das Basis-Element ist. Es ist klar, daß sich die Orientierung nicht ändert, wenn man das Basis-Element durch ein anderes derselben Orientierung ersetzt.

Andere analoge Beispiele

b) Allgemeiner sei A eine nicht auf einer Geraden liegende Teilmenge von Π und zwar von der Art, daß die einzige Isometrie, die A auf A abbildet, die Identität ist. Ferner sei E die Menge der Teilmengen von Π von der Form f (A) mit f $\in$ J. Offensichtlich ist E in bezug auf J stabil und es ist J einfach transitiv auf E. Nun kann man für E alles wiederholen, was im vorhergehenden Beispiel gesagt wurde. Man könnte z.B. als A eine *gepolte Halbebene* nehmen, d.h. die Vereinigung einer offenen Halbgeraden D mit einer der beiden offenen Halbebenen, die durch die Trägergerade von D erzeugt werden*).

c) Nun eine Erweiterung dieses Vorgehens: A sei eine nicht geradlinige Teilmenge von Π, so daß jede Isometrie von A auf A paarig ist (in dem Sinne, daß ihre Erweiterung auf Π eine paarige Isometrie ist). Dann definiert man E folgendermaßen: E ist stabil in bezug auf J. Für alle X_1, X_2 von E existiert wenigstens eine Isometrie f $\in$ J, die X_1 in X_2 überführt, und nach der Annahme haben alle diese Isometrien dieselbe Paarigkeit.

Man kann nun in einleuchtender Weise die Gleichheit der Orientierung von zwei Elementen von E definieren. Der Rest der Theorie kann wie oben entwickelt werden.

Man könnte z.B. als A die Vereinigungsmenge zweier Gegenseiten eines Quadrates mit einer der beiden Diagonalen (Buchstabe Z) nehmen; ein weiteres Beispiel wäre die Vereinigungsmenge der sich aus der Strecke [a, b] durch die Translationen t^n (n $\in$ Z) ergebenden Strecken zu nennen, wobei t eine Translation ist, die weder parallel noch senkrecht zu [a, b] erfolgt.

68. Andere geometrische Gebilde

Wir kennen zu Π zugeordnete geometrische Gebilde, die aber nicht Teilmengen von Π sind: Punktepaar, Punktetripel, Paar von Halbgeraden, orientierte Gerade, Transformation, Winkel usw. Wir werden nun für einige dieser Gebilde eine Orientierung definieren.

---

*) Wir sprechen neuerdings im Deutschen auch von einer „Fahne".

1. a) Es sei E die Menge der Paare (A, B) von senkrechten Halbgeraden mit demselben Ursprung in Π. Diese Menge ist stabil in bezug auf J und J ist einfach transitiv auf E. Wir können also für E alles wiederholen, was wir in den vorhergehenden Beispielen gesagt haben. Die Bedingung, daß (A, B) und (A′, B′) dieselbe Orientierung haben, drückt sich in der Gleichung $\measuredangle$ AB = $\measuredangle$ A′B′ aus.

Zusätzlich ergibt sich etwas Neues: Es ist die Existenz der Involution (A, B) → (B, A) von E, die jedem Element (A, B) von E das *entgegengesetzte Element* (B, A) zuordnet.

Da die Isometrie, die (A, B) in (B, A) abbildet, eine Achsenspiegelung ist, haben die beiden entgegengesetzten Paare (A, B) und (B, A) entgegengesetzte Orientierungen.

b) Allgemeiner kann man als E die Menge der Paare (A, B) von Halbgeraden mit demselben Ursprung nehmen, für die $\measuredangle$ AB = θ oder $-\theta$ ist (wobei θ ein gegebener Winkel $\neq 0$, $\bar{\omega}$ ist).

c) Ein weniger klassisches Beispiel: E ist die Menge der Paare (D, x), wobei D eine orientierte Gerade in Π und x ein Punkt von Π im Abstand 1 von D ist.

d) E ist die Menge der Tripel (x, y, z), die zu einem gegebenen nicht auf einer Geraden liegenden Tripel (a, b, c) isometrisch sind. Sind insbesondere $\| b - a \| = \| c - a \| = 1$ und Γ (a, b) $\perp$ Γ (a, c), so bilden die Vektoren b, c der zentierten Ebene (Π, a) eine orthonormale Basis von (Π, a). Man kann also nun E als die Menge der orthonormalen Basissysteme von Π ansehen. Hier nimmt der Begriff des positiven Basissystems wieder seine klassische Bedeutung an.

2. Wir werden an zwei Beispielen sehen, daß der Begriff der Orientierung nicht an den der Isometrie gebunden ist. Diese Beispiele werden es uns überdies erlauben, die Orientierungen von irgendzwei nicht geradlinigen Tripeln und von zwei nicht in einer Geraden liegenden Halbgeraden zu vergleichen.

Mit A sei die Gruppe der Affintransformationen von Π bezeichnet, mit A_+ deren Untergruppe mit positiver Determinante (wir setzen diesen Begriff als bekannt voraus).

a) Es sei E die Menge der nicht auf Geraden liegenden Tripel (x, y, z) von Punkten von Π. Diese Menge ist stabil in bezug auf A, und A ist einfach transitiv auf E.

Man sagt, daß (x, y, z) und (x′, y′, z′) dieselbe Orientierung haben, wenn das Element f von A, das (y, y, z) in (x′, y′, z′) überführt, in A_+ vorkommt.

Die Tatsache, daß für alle f, g $\in$ A die Determinante von f $\circ$ g gleich dem Produkt der Determinanten von f und g ist, erlaubt eine Betrachtung, die völlig parallel zu der für die Gruppe der Isometrien verläuft.

Ist eine affine Transformation f eine Isometrie, so ist ihre Determinante positiv oder negativ, je nachdem f paarig oder unpaarig ist. Die von uns definierte Orientierung ist daher mit der im Beispiel 1d getroffenen verträglich. Wie im Beispiel 1 a ergibt sich etwas Neues: Jedem Tripel (x, y, z) von E sind die 6 Tripel zugeordnet, die sich daraus durch Permutation ergeben. Für ihre Orientierung gilt der

Hilfssatz 68.1. *Durch Vertauschung von zwei Elementen des Tripels* (x, y, z) *ändert sich die Orientierung.*

Beweis. Das Element f von A, das z.B. (x, y, z) in (x, z, y) überführt, ist die Schrägspiegelung parallel zu Γ(y, z), deren Achse durch x und die Mitte von (y, z) verläuft. Die Determinante von f beträgt -1. Daraus folgt, daß unter den 6 zu (x, y, z) gehörigen Tripeln die Tripel (x, y, z), (y, z, x), (z, x, y) dieselbe Orientierung besitzen, die anderen drei die entgegengesetzte Orientierung.

b) Es sei E die Menge der Paare (A, B) von Halbgeraden von Π, die denselben Ursprung haben und nicht auf einer Geraden liegen. Diese Menge ist stabil in bezug auf A, und A ist transitiv auf E, aber nicht einfach transitiv. Überdies ist jedes f $\in$ A, das (A, B) in (A, B) überführt, in dem zu diesem Paar gehörigen Achsensystem von der Form

$$(\xi, \eta) \rightarrow (\mu\,\xi, \nu\,\eta) \text{ mit } \mu, \nu > 0.$$

Also ist die Determinante von f positiv.

Es gilt also für alle (A, B), (A$'$, B$'$) $\in$ E, daß alle Transformationen, die (A, B) in (A$'$, B$'$) überführen, Determinanten vom selben Vorzeichen besitzen. Danach kann die Theorie wie in den anderen Fällen entwickelt werden.

Schließlich ist es klar, daß die beiden entgegengesetzten Paare (A, B), (B, A) entgegengesetzte Orientierungen haben.

Schlußfolgerung. Aus allen vorhergehenden Beispielen entsteht die Idee, daß man jedem Tripel (E, G, G$^+$) eine Theorie der Orientierung zuordnen kann. Dabei ist E irgendeine Menge, G eine Transformationsgruppe von E, die auf E transitiv ist und G$^+$ eine invariante Untergruppe von G, so daß G/G$^+$ eine Gruppe der Ordnung 2 ist, und daß für jedes x $\in$ E die Untergruppe der Elemente von G, die x fest lassen, in G$^+$ enthalten ist (und wenn dies für ein x gilt, so gilt dies für jedes x $\in$ E).

69. Paare von Halbgeraden

In Hinblick auf den Unterricht wollen wir nun versuchen, den Rückgriff auf die affine Gruppe A bei der Orientierung der nicht in einer Geraden liegenden Halbgeraden zu vermeiden.

Es sei E die Menge der Paare (A, B) von Halbgeraden von Π, die nicht in einer Geraden liegen und denselben Ursprung haben.

Man wird sagen, daß die beiden in E enthaltenen Paare (A, B) und (A′, B′) dieselbe Orientierung haben, wenn bei der paarigen Isometrie f, die A in A′ überführt,
die Halbgeraden B′ und f (B) auf derselben Seite der Trägergeraden von A′ liegen,
d.h. in derselben durch diese Gerade erzeugten Halbebene (Bild 11).

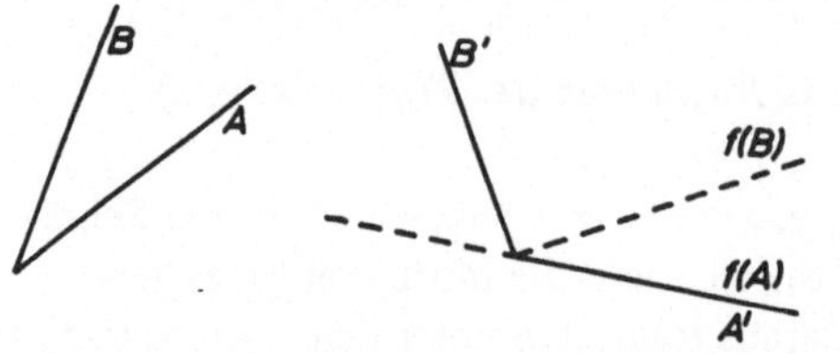

Bild 11

Orientierung von Paaren von Halbgeraden
und ihrer Bilder

Da jede Isometrie jede Halbebene in eine Halbebene überführt und da die paarigen
Isometrien eine Gruppe bilden, so ist diese Relation eine Äquivalenzrelation auf E.
Es gibt genau zwei Klassen, man betrachte dazu die Menge der Paare (A, X), wo-
bei A eine gegebene Halbgerade ist.

Von hier ab darf man wie in den früheren Beispielen von einem Basissystem mit
positiver oder negativer Orientierung sprechen.

Jede Dilation mit positivem Maßstab, jede paarige Isometrie und daher auch jede
paarige Ähnlichkeitsabbildung bewahren die so definierte Orientierung.

Jedes Paar (A, B) wird durch die Spiegelung σ an der Trägergeraden von A in ein
Paar von entgegengesetzter Orientierung transformiert. Ist nun f eine unpaarige
Ähnlichkeitsabbildung, so ist die Ähnlichkeitsabbildung $f \circ \sigma = g$ paarig und be-
wahrt daher die Orientierung, d.h. f (A, B) und (A, B) haben entgegengesetzte
Orientierungen.

Orientierung der Winkel

θ und θ' seien zwei von 0 und $\overline{\omega}$ verschiedene Winkel. Man sagt, daß θ und θ' dieselbe Orientierung haben, wenn es zwei vom selben Ursprung ausgehende Paare
von Halbgeraden (A, B), (A′, B′) gibt, so daß bei $\sphericalangle$ AB = θ, $\sphericalangle$ A′B′ = θ'

    (A, B) und (A′, B′) dieselbe Orientierung haben.

Daraus folgt unmittelbar, daß dies eine Äquivalenzrelation auf der Menge der von
0 und $\overline{\omega}$ verschiedenen Winkel ist und daß diese Relation genau zwei Klassen besitzt.

Satz 69.1. *Für jedes nicht in einer Geraden liegende Tripel* (x, y, z) *haben die drei
Winkel* $\sphericalangle$ xyz, $\sphericalangle$ yzx, $\sphericalangle$ zxy *dieselbe Orientierung.*

Beweis. Wir zeigen es für die ersten beiden Winkel. Es sei x' ein Punkt der Mittelsenkrechten von (y, z), der in bezug auf $\Gamma(y, z)$ auf derselben Seite wie x liegt. Dann haben die Winkel $\sphericalangle xyz$ und $\sphericalangle x'yz$ dieselbe Orientierung, ebenso $\sphericalangle yzx$ und $\sphericalangle yzx'$. Nun ist $\sphericalangle x'yz = -\sphericalangle x'zy$ (wegen der Symmetrie), also $\sphericalangle x'yz = \sphericalangle yzx'$, woraus die Behauptung folgt.

Bemerkung. Für diese elementare Betrachtung der Orientierung der Paare von nicht in einer Geraden liegenden Halbgeraden haben wir die metrische Struktur der Ebene verwendet. Das ist offenbar wenig befriedigend, da die affine Struktur genügt hätte, aber auch diese ihrerseits enthält nichts Unentbehrliches, und man könnte ausgehend allein von den Axiomen I und II eine passende Theorie der Orientierung aufbauen. Wir lassen dies als Übung.

70. Orientierung und stetige Deformation

Wir haben die Untersuchung der Orientierung algebraisch geführt, weil man auf einem niedrigen Niveau nicht den Begriff der Stetigkeit richtig gebrauchen kann. Der wahre Grund aber für die Wahl der Definitionen und für ihren Erfolg ist topologischer Natur. Man könnte z.B. zeigen, daß die beiden Tripel (x, y, z) und (x', y', z') von II nur dann dieselbe Orientierung besitzen, wenn es eine stetige Familie von (nicht in Geraden liegenden) Tripeln gibt, die das erste mit dem zweiten verbindet, genauer, wenn in der Menge dieser mit einer natürlichen Topologie versehenen Tripel ein Bogen existiert, der die beiden gegebenen Elemente verbindet. Ein gleiches Ergebnis findet sich für die Orientierung der nicht in Geraden liegenden Halbgeraden.

In der Tat, da die Orientierung ausgehend von einer Untergruppe einer Transformationsgruppe definiert ist, so genügt die Untersuchung, wie sich diese Untergruppe bildet:

Die in der Geometrie betrachteten Transformationsgruppen G wirken auf topologische Räume — im allgemeinen Gebilde von endlicher Dimension — und sind selbst mit einer ihrer Gruppenstruktur zuträglichen Topologie ausgerüstet (Stetigkeit der Multiplikation und der Symmetrie). Für die Gruppe der linearen Transformationen des euklidischen Raumes der Dimension n kann die Topologie der Gruppe einfach durch die Koeffizienten der Matrix (a_{ij}) der Transformationen definiert werden. (Dazu ist die Matrix (a_{ij}) mit den Koordinaten a_{ij} eines Raumes R^N mit $N = n^2$ zu identifizieren und die durch den R^N eingeführte Topologie zu verwenden.)

In einer solchen topologischen Gruppe G kann man von Bogenlinien von G sprechen, d.h. von durchgehenden Verbindungen. Man bezeichnet mit G^+ die durchgehende Verbindung eines neutralen Elementes e von G, d.h. in den üblichen Fällen die Menge der Elemente x von G, für die eine Bogenlinie von G mit den Enden e, x existiert. Man zeigt, daß G^+ eine invariante Untergruppe von G ist, und·man nennt den Gruppen-Quotienten G/G^+ die Gruppe der Orientierungen von G.

In den üblichen Fällen ist der Gruppen-Quotient die Gruppe der Ordnung 2. Nur sie haben wir betrachtet. Aber es braucht nicht so zu sein:

Bezeichnet z.B. G die Gruppe der differenzierbaren Transformationen der Vereinigung von zwei getrennten Kreisen, so ist G/G^+ von der Ordnung 8. Es kann sein, daß G konnex ist; dann haben $G^+ = G$ und G/G^+ nur ein einziges Element; dies trifft für die Gruppe der projektiven Transformationen in der projektiven Ebene zu.

Wir werden nun den besonderen Fall der Gruppe der Isometrien untersuchen. Zu gleicher Zeit wollen wir versuchen, die Verwirrung zwischen dem Begriff der Bewegung und dem der Transformation zu beseitigen.

71. Die Bewegungen

Für das Kind besteht eine gewisse Schwierigkeit zum Verständnis der Isometrie darin, daß die körperliche Welt wenig Beispiele von Isometrie in Reinkultur*) liefert, dagegen eher stetige Familien von Isometrien – das, was wir Bewegungen nennen werden. Diese Schwierigkeit wird durch die Tatsache erhöht, daß eine Ebene oder ein Teil der Ebene keine „diskrete" Struktur hat und daß es also physikalisch schwierig ist, durch eine Isometrie das Bild eines Punktes eines materiellen Modells zu bestimmen.

Man kann diese zweite Schwierigkeit verringern, indem man zunächst nur die Transformationen von endlichen Teilmengen der Ebene studiert, dann ein Netz von Punkten der Ebene – oder Moleküle des materiellen Modells – in bezug auf ein Koordinatensystem verwendet.

Die erste Schwierigkeit kann nur dann völlig ausgeräumt werden, wenn man zusammen mit dem Begriff der Isometrie den der Bewegung in klarer Form definiert.

Definition 71.1. *Es sei* J *die Menge der Isometrien der Ebene* Π. *Als Bewegung bezeichnet man jede Abbildung* $t \to f_t$ *eines Intervalles* [u, v] *von* R *in* J, *die in folgendem Sinne stetig ist:*

Für jedes $a \in$ Π *ist die Abbildung* $t \to f_t(a)$ *von* [u, v] *in* Π *stetig.*

Existieren drei Punkte a_1, a_2, a_3 von Π, die nicht in einer Geraden liegen, so daß jede der Abbildungen $t \to f_t(a_i)$ stetig ist, so ist die Abbildung $t \to f_t$ stetig.

---

*) Wir erwähnen die Reflexion im Spiegel und die Übereinstimmung zwischen zwei Abdrucken desselben Druckstockes.

In der Tat kann man jedes $a \in \Pi$ in eindeutiger Weise in $(\Pi, 0)$ in der Form
$a = \Sigma \, \alpha_i a_i$ mit $\Sigma \alpha_i = 1$ schreiben.

Da jedes f_t eine affine Transformation ist, ist also $f_t(a) = \Sigma \, \alpha_i f_t(a_i)$ die Summe von drei stetigen Funktionen, also selbst eine stetige Funktion.

Der folgende Satz knüpft ein Band zwischen dem Begriff der Bewegung und dem der Orientierung. Er erklärt, warum die Pseudo-Definitionen der Orientierung, die auf dem Gleiten eines Blattes Papier auf einem anderen beruhen, nicht zu Irrtümern führen.

Satz 71.2. *In jeder Bewegung* $t \rightarrow f_t$ *sind die Isometrien alle paarig oder alle unparrig.*

Beweis. Der Text und der Beweis des Satzes wären identisch, wenn die f_i irgendwelche affinen Transformationen wären: Die Determinante der affinen Transformation f_i ist eine stetige Funktion von t (da es nach Voraussetzung die Koeffizienten der Matrix von f_t sind); nun ist sie niemals null und hat daher ein konstantes Vorzeichen, woraus die Behauptung folgt.

Zusatz. *Wenn* f_u *die Identität ist, sind alle* f_t *paarig.*

Sonderfall. Die drehende Bewegung

Wir werden bald bei der Behandlung des Winkelmaßes die stetigen Abbildungen der additiven Gruppe R auf die additive Gruppe der Winkel untersuchen. Es sei $t \rightarrow \alpha(t)$ eine solche Abbildung, und mit f_t sei die Drehung um einen Punkt 0 mit dem Winkel $\alpha(t)$ bezeichnet. Unter einer *drehenden Bewegung um* 0 verstehen wir jede Bewegung der Form $t \rightarrow f_t$ mit $t \in [0, \nu]$. Die *Bahnkurven* der Punkte von Π, die einer solchen Bewegung zugeordnet sind, heißen hier *Kreisbögen*.

Wir bemerken noch, daß einer solchen Bewegung eine wohldefinierte Drehung zugeordnet ist, nämlich die Drehung f_ν; das Umgekehrte gilt aber offensichtlich nicht.

Übungen zum Kapitel VI

Es sollen einige Eigenschaften, die wir im vorstehenden unter Verwendung der affinen Struktur von Π hergeleitet haben, nur mit Hilfe der Axiome I und II bewiesen werden und überdies unter der Voraussetzung, daß die Anzahl α der Geraden von Π größer als 2 ist (α ist dann nach Übung 4 des Kapitels I unendlich).

Begriff der orientierten Richtung

1. A und B seien zwei Parallelen und jede von ihnen sei mit einer ihrer Orientierungen versehen.

Wir werden sagen, daß diese parallelen Geraden dieselbe Orientierung haben, wenn es eine nicht zu A und B parallele Richtung δ gibt, so daß die Projektion von A auf B parallel zu δ wachsend ist, daß sie monoton ist, weiß man nach dem Zusatz 6.3. Es ist zu zeigen, daß das Gleiche auch für jede andere nicht zu A und B parallele Richtung δ' gilt (dafür kann die Übung 7, Kap. I, benutzt werden).

2. Daraus ist herzuleiten, daß die so definierte Relation eine Äquivalenzrelation auf der Menge der orientierten Geraden ist, deren Träger eine gegebene Richtung haben. Ferner ist zu zeigen, daß diese Menge genau zwei Klassen enthält und die auf derselben Geraden liegenden beiden orientierten Geraden verschiedenen Klassen angehören.

Orientierung der Paare von Halbgeraden, die von einem Ursprung ausgehen und nicht in Geraden liegen.

3. Wir bezeichnen als *orientierte Halbebene* jedes Paar (A, P), bei dem A eine orientierte Gerade und P die eine der beiden von A erzeugten abgeschlossenen Halbebenen ist.

Man sagt, daß zwei orientierte Halbebenen (A, P), (A', P') dieselbe Orientierung haben, wenn

bei schneidenden Geraden A und A' die Orientierungen der Halbgeraden $(A \cap P')$ und $(A' \cap P)$ auf A bzw. A' entgegengesetzt sind.

bei gleichsinnig parallelen Geraden A und A' die eine der beiden Halbebenen P, P' die andere enthält.

bei gegensinnig parallelen Geraden A und A' keine der beiden Halbebenen P, P' die andere enthält.

Es soll gezeigt werden, daß diese Relation eine Äquivalenzrelation auf der Menge der orientierten Halbebenen ist und daß sie genau 2 Klassen enthält, ferner, daß die beiden orientierten Halbebenen, die derselben orientierten Geraden zugeordnet werden, verschiedene Orientierungen haben.

Es gibt noch eine andere elegantere Methode, zwei orientierte Halbebenen zu vergleichen:

Es seien (A, P) und (A', P') zwei orientierte Halbebenen. Jeder Sekante D von A und A' ordnet man die Zahl $\alpha_{A,A'}(D) = 1$ oder -1 zu, je nachdem die Parallelprojektion von A auf A' parallel zu D wachsend oder fallend ist, und die Zahl $\beta_{P,P'}(D) = 1$ oder -1, je nachdem die Halbgeraden $D \cap P$ und $D \cap P'$ auf D gleich oder nicht gleich orientiert sind. Dieses Produkt erweist sich als unabhängig von D; es ist 1 oder -1. Man sagt, daß (A, P) und (A', P') dieselbe Orientierung haben, wenn es den Wert 1 hat.

Die Relationen

$$\alpha_{A\,A'} = \alpha_{A'\,A}\,; \quad \alpha_{A\,A} = 1\,; \quad \alpha_{A\,A''} = \alpha_{A\,A'}\,\alpha_{A'\,A''}$$

und die analogen Beziehungen für β zeigen, daß die so definierte Relation eine Äquivalenzrelation mit genau zwei Klassen ist.

Schließlich läßt sich nachweisen, daß diese Relation dieselbe wie die am Anfang der Übung definierte Relation ist.

4. (A, B) sei ein Paar von einem Ursprung ausgehende Halbgeraden,die nicht in einer Geraden liegen, f (A, B) die orientierte Halbebene, die von der zu A gehörigen orientierten Geraden und von der dazugehörigen abgeschlossenen Halbebene gebildet wird, die B enthält.

Man sagt, daß zwei derartige Paare (A, B), (A', B') dieselbe Orientierung haben, wenn f (A, B) und f (A', B') dieselbe Orientierung besitzen. Es soll gezeigt werden, daß diese Relation eine Äquivalenzrelation mit genau zwei Klassen ist, und daß zwei entgegengesetzte Paare (A, B), (B, A) entgegengesetzte Orientierungen haben.

5. Es seien X, Y, Z drei nicht leere konvexe Mengen von der Art, daß keine Gerade gleichzeitig X, Y, Z trifft.

Zu zeigen, daß alle Paare von Halbgeraden (D (x, y), D (x, z)) mit $x \in X$, $y \in Y$, $z \in Z$ dieselbe Orientierung haben.

VII. Trigonometrie

A. Elementare Trigonometrie

Die elementare Trigonometrie besteht im wesentlichen in der sauberen Definition
der Winkelfunktionen, in den Additionstheoremen und in einigen Beziehungen
zwischen Winkeln und Entfernungen.

72. Kosinus und Sinus eines Winkels in bezug auf eine Basis

Definition 72.1. *Es sei* (a, b) *eine orthonormale Basis von* $(\Pi, 0)$ *und f die Drehung
um 0 mit dem Winkel* α.

Man bezeichnet als den Kosinus und den Sinus von α *zur Basis* (a, b) *die Koordinaten von* $f(a)$ *in bezug auf diese Basis und schreibt* $\cos \alpha$ *und* $\sin \alpha$.

Wir werden sofort untersuchen, wie $\cos \alpha$ und $\sin \alpha$ von der gewählten Basis abhängen.

Satz 72.2. $\cos \alpha$ *hängt nicht von der gewählten orthonormalen Basis ab; im Gegensatz dazu sind die Werte von* $\sin \alpha$ *in zwei orthonormalen entgegengesetzt orientierten Basen entgegengesetzt.*

Beweis. a) Wird in der Ebene $(\Pi, 0)$ die Basis (a, b) durch die Basis $(a, -b)$ ersetzt,
so werden $\cos \alpha$ und $-\sin \alpha$ die Koordinaten von $f(a)$.

b) Es sei g irgendeine Drehung um 0. Aus der Beziehung $f(a) = a \cos \alpha + b \sin \alpha$
folgt $f(g(a)) = g(f(a)) = g(a) \cos \alpha + g(b) \sin \alpha$. Die Werte von $\cos \alpha$ und $\sin \alpha$
sind also in bezug auf die Basen (a, b) und $(g(a), g(b))$ dieselben.

c) Offensichtlich haben $\cos \alpha$ und $\sin \alpha$ in bezug auf zwei gegeneinander verschobene
Basen die gleichen Werte, da bei der Verschiebung die Winkel und die Koordinaten
erhalten bleiben.

Die Behauptung folgt nun aus diesen drei Sonderfällen, da man von der Basis (a, b)
zu irgendeiner orthonormalen Basis durch (vielleicht) eine Achsenspiegelung an
$\Gamma(0, a)$, eine Drehung um 0 und eine Translation übergehen kann.

Es ist daher wichtig, daß bei jeder Frage der ebenen Geometrie, bei der der Sinus
verwendet wird, die als Achsenkreuz gewählte orthonormale Basis anzugeben. An
der Wandtafel wählt man aus Bequemlichkeit als $\Gamma(0, a)$ die nach rechts gerichtete
Halbgerade und $\Gamma(0, b)$ vertikal nach oben gerichtet.

Satz 72.3. *Für jedes geordnete Paar* A, B *von Halbgeraden desselben Ursprungs ist*
$\cos(A, B)$ *gleich dem Projektionsmaßstab* $c(A, B)$.

Beweis. 0 sei der Ursprung von A und B und a der durch $d(0, a) = 1$ definierte
Punkt auf A. Ist f die Drehung um 0 mit dem Winkel $\measuredangle AB$, so ist $f(a)$ der Punkt
auf B, für den $d(0, f(a)) = 1$ ist. Bezeichnet nun a_1 die Orthogonalprojektion von
$f(a)$ auf die Trägergerade von A, so gilt $\cos(AB) = k$, so daß $a_1 = ka = c(A, B)$.

73. Matrix einer Drehung in bezug auf eine positive orthonormale Basis

Es sei (a, b) eine orthonormale Basis von (II, 0) von derselben Orientierung wie das Achsenkreuz und f die Drehung um 0 mit dem Winkel α.

g bezeichne die Drehung um 0, die a in b überführt; g^2 ist dann die Spiegelung in bezug auf das Zentrum 0. Daraus folgt $g(a) = b$, $g(b) = g^2(a) = -a$.

Die Relation

(1) $f(a) = a \cos \alpha + b \sin \alpha$

liefert

$$f(b) = f(g(a)) = g(f(a)) = g(a) \cos \alpha + g(b) \sin \alpha$$

und weiter

(2) $f(b) = b \cos \alpha - a \sin \alpha.$

Es seien ξ, η die Koordinaten eines Punktes in der Basis (a, b). Die Relation $x = \xi a + \eta b$ ergibt in Hinblick auf (1) und (2)

$$f(x) = \xi f(a) + \eta f(b) = (\xi \cos \alpha - \eta \sin \alpha) a + (\xi \sin \alpha + \eta \cos \alpha) b.$$

In bezug auf die Basis (a, b) lautet die Matrix von f also

$$\begin{pmatrix} \cos \alpha & -\sin \alpha \\ \sin \alpha & \cos \alpha \end{pmatrix}$$

Es ist leicht zu zeigen, daß dies die Matrix einer Isometrie mit der Determinante 1 ist.

Bemerkungen. a) Es sei (a, b) eine negativ orientierte orthonormale Basis von (II, 0). In ihr sind die Werte des Kosinus und des Sinus von α gleich $\cos \alpha$ und $-\sin \alpha$, also ist die Matrix von f in bezug auf (a, b)

$$\begin{pmatrix} \cos \alpha & \sin \alpha \\ -\sin \alpha & \cos \alpha \end{pmatrix}$$

b) Man erhält irgendeine unpaarige Isometrie, die den Punkt 0 festläßt, indem man eine Drehung um 0 mit der Spiegelung an der Achse $\Gamma(0, a)$ zusammensetzt; ihre Matrix lautet also

$$\begin{pmatrix} \cos \alpha & \sin \alpha \\ \sin \alpha & -\cos \alpha \end{pmatrix}$$

Ihre Determinante beträgt -1, und die zugehörige Isometrie besitzt eine Gerade aus Fixpunkten.

74. Additionstheoreme

Es seien f, g zwei Drehungen um 0 mit den Winkeln α bzw. β. Ihr Produkt $f \circ g = g \circ f$ ist die Drehung mit dem Winkel $\alpha + \beta$. In bezug auf irgendeine Basis ergibt sich

(Matrix von $f \circ g$) = (Matrix von f) $\cdot$ (Matrix von g).

Für eine orthonormale Basis (positiver oder negativer Orientierung) liefert diese Relation die Identitäten

$$(3) \quad \cos(\alpha + \beta) = \cos\alpha \cos\beta - \sin\alpha \sin\beta$$

$$(4) \quad \sin(\alpha + \beta) = \sin\alpha \cos\beta + \cos\alpha \sin\beta$$

Setzen wir $E(\theta) = \cos\theta + i\sin\theta$ für jeden Winkel θ, so nehmen diese Beziehungen die bequeme Form

$$(5) \quad E(\alpha + \beta) = E(\alpha)\, E(\beta)$$

an. Umgekehrt folgen aus (5) die Beziehungen (3) und (4); Gleichung (5) ist ihnen daher äquivalent. Identifiziert man die komplexe Ebene mit der Ebene (Π, 0), indem man ($\xi + i\eta$) mit ($\xi a + \eta b$) identifiziert, so ist $E(\theta)$ nicht anderes als der Punkt f(a), wobei f die Drehung um 0 mit θ bezeichnet. E ist daher eine eineindeutige Abbildung der Menge A der Winkel auf die Menge T der komplexen Zahlen vom Absolutwert 1. Die Relation (5) zeigt überdies einen algebraischen Isomorphismus der Gruppe A auf der multiplikativen Gruppe T. Dieser Isomorphismus ist von großem Wert! Er erlaubt, ausgehend von der auf T durch die Ebene eingeführten Topologie auf A eine Topologie zu definieren. Sie hängt nicht von dem gewählten Achsenkreuz (a, b) ab, weil die Isometrie, die eines der Achsenkreuze in ein anders überführt, die Entfernungen unverändert läßt, also umkehrbar stetig ist.

Folgerungen

Nun kann die elementare Trigonometrie sehr einfach entwickelt werden: Aus der Relation (5) werden unter Benutzung von

$$E(n\alpha) = (E(\alpha))^n$$

die Multiplikationsformeln hergeleitet. Dann definiert man $\tan\alpha$ und mit Hilfe von (3), (4), (5) die Formeln für die Addition und Multiplikation. Schließlich zeigt man, daß der „Winkel" von zwei Geraden durch den Tangens gekennzeichnet ist.

Wir kennen bereits für jedes Dreieck die Formel

$$a^2 = b^2 + c^2 - 2bc \cos A$$

Nun leiten wir noch die Beziehungen

$$\frac{a}{\sin A} = \frac{b}{\sin B} = \frac{c}{\sin C}$$

unter Beachtung der Tatsache her, daß zwei gleich orientierte Winkel (verschieden von 0 und $\bar{\omega}$) einen Sinuswert gleichen Vorzeichens besitzen.

B. Winkelmaß

75. Auf der Suche nach einer Definition

Wir wollen zunächst die wesentlichen Eigenschaften des Maßes von Größen wie Flächeninhalten, Volumina und Massen herausstellen:

E sei eine Menge und E eine Menge von Teilmengen von E; ferner sei E bei endlichen Vereinigungsmengen stabil, d.h. mit X_1, $X_2 \in$ E sei auch $X_1 \cup X_2 \in$ E. Ein Maß auf E ist eine Abbildung X $\rightarrow$ m (X) von E in R_+, so daß

$$m (X_1 \cup X_2) = m (X_1) + m (X_2)$$

für alle elementfremden oder „fast-elementfremden" X_1, X_2 in einem Sinne gilt, der in jedem Falle leicht präzisiert werden kann.

Ist z.B. E die Ebene II und E die Menge aus endlichvielen Vereinigungen abgeschlossener Dreiecke, so sagt man, daß X_1, X_2 „fast-elementfremd" sind, wenn $X_1 \cap X_2$ eine endliche Vereinigung von Strecken (Intervallen) und Punkten ist; der Flächeninhalt ist dann im vorstehenden Sinn ein Maß auf E.

In diesem allgemeinen Aufbau ist E also eine Menge von Teilmengen von E, die bei Vereinigung fest bleibt, und m ist eine Funktion.

Tatsächlich kann man der Gruppe A der mit dem Kreis T von C identifizierten Winkel ein solches bevorzugtes Maß mit der totalen Masse 1 zuordnen, das invariant in bezug auf die innere Gruppenoperation ist und das das Haarsche Gruppenmaß genannt wird. Dieses Maß hat eine gewisse Beziehung zu dem, was wir „Winkelmaß" nennen werden, und daher rührt das Durcheinander, das im Unterricht gelegentlich in Hinblick auf das Winkelmaß anzutreffen ist.

Aber wir suchen keine Funktion einer Menge, denn man kann die Summe zweier Winkel nicht als Vereinigungsmenge von zwei Mengen interpretieren. Weiterhin kann man das gesuchte Maß nicht als eine Abbildung der Gruppe A der Winkel in die additive Gruppe R definieren, d.h. als eine reelle Funktion f, für die $f(\alpha + \beta) = f(\alpha) + f(\beta)$ gilt, denn dann würde für einen rechten Winkel

$$4 f(\delta) = f(4\delta) = f(0) = 0$$

und $f(\delta) = 0$ folgen, was unannehmbar ist.

Man wird in umgekehrten Sinne vorgehen müssen und als „Winkelmaß" eine Abbildung von R auf die Gruppe A wählen. Um die intuitive Vorstellung, die dieser Definition zugrundeliegt, herauszuschälen, werden wir ein konkretes Modell der Gruppe A verwenden: Es sei C_r der Kreis um 0 mit dem Radius r und ω ein beliebiger Punkt auf C_r. Ferner sei $\varphi(\alpha)$ für jeden Winkel α der Punkt von C_r, für den $\sphericalangle \omega 0x = \alpha$ ist. Die eineindeutige Abbildung $\alpha \rightarrow \varphi(\alpha)$ von A auf C_r definiert auf dem Kreis eine Struktur einer Gruppe, die in bezug auf den Isomorphismus φ isomorph zu A ist, wobei ihr neutrales Element ω ist.

Das Winkelmaß wird nichts anderes sein als die mathematische Form des Aufwickelns eines Fadens (Repräsentant von R) auf C_r derart, daß der Ursprung von R auf den Ursprung ω von C_r abgebildet wird (Bild 12).

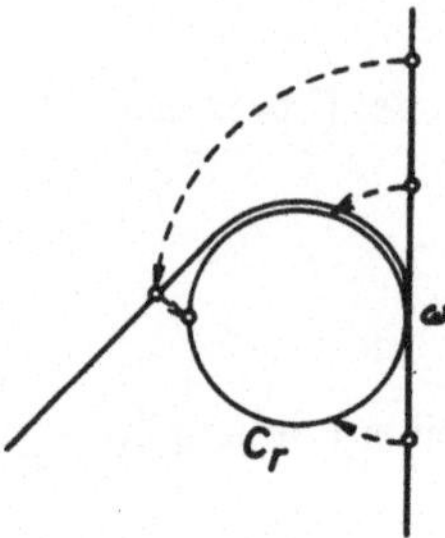

Bild 12. Winkelmaß und Aufwickeln eines Fadens

Diese Operation ist nicht eindeutig: einerseits ist der Radius r willkürlich, andererseits kann der aufgerollte Faden auf zwei verschiedene Arten orientiert werden.

76. Definition und unmittelbare Folgerungen

Definition 76.1. *Als Winkelmaß bezeichnet man jede stetige Abbildung φ von R auf die additive Gruppe A der Winkel, so daß für alle x, y $\in$ R die Beziehung*

$$(1) \quad \varphi(x + y) = \varphi(x) + \varphi(y)$$

gilt.

Die hier betrachtete Stetigkeit entspricht der Topologie von A , wie sie durch den Isomorphismus von A und der multiplikativen Gruppe T der komplexen Zahlen definiert ist. Aus (1) ergibt sich, daß die Stetigkeit der Bedingung „$\varphi(x)$ strebt gegen 0, wenn x gegen 0 strebt" gleichwertig ist.

Die Abbildung x → kx ist für jede Zahl k ≠ 0 ein stetiger Isomorphismus der additiven Gruppe R auf sich selbst, also ist auch die Abbildung x → $\varphi(kx)$ eine stetige Abbildung von R auf A.

Im Elementarunterricht der Geometrie wird man voraussetzen, daß es eine solche Abbildung φ gibt und daß alle anderen Abbildungen die sind, die wir ihr soeben zugeordnet haben.

Es gibt keinen elementaren Beweis dieser Tatsache. Die Ehrlichkeit erfordert es, daß man diese Tatsache ausdrücklich ausspricht, ohne einen Beweis vorzutäuschen. Anordnungen wie das „Fadenwickeln um einen Kreis" machen den Sachverhalt plausibel.

Eigenschaften eines solchen Maßes φ

Ist φ eine stetige Abbildung von R auf A, so ist $\varphi^{-1}(0)$ eine abgeschlossene Untergruppe von R. Es gibt ein $x \neq 0$, so daß $\varphi(x) = \overline{\omega}$, woraus $\varphi(2x) = 0$ folgt. Also ist $\varphi^{-1}(0)$ weder R noch $\{0\}$; es ist also die Menge der Vielfachen na $(n \in Z)$ einer Zahl $a > 0$, genannt die *Periode von* φ. Für jedes $x \in R$ und jedes $n \in Z$ gilt

$$\varphi(x + na) = \varphi(x) + \varphi(na) = \varphi(x).$$

Das Doppelte des Winkels $\varphi(\frac{a}{2})$ ist 0, der Winkel also 0 oder $\overline{\omega}$. Da aber $\frac{a}{2}$ kein Vielfaches von a ist, so ist $\varphi(\frac{a}{2}) = \overline{\omega}$. Das Doppelte von $\varphi(\frac{a}{4})$ ist also $\overline{\omega}$, d.h. $\varphi(\frac{a}{4})$ ist ein rechter Winkel.

Hat man in Π eine orthonormale Basis als Achsenkreuz gewählt, so sagt man, daß φ positiv ist, wenn $\varphi(\frac{a}{4})$ der positive rechte Winkel ist; ist φ nicht positiv, so ist es $-\varphi$.

Für jede Zahl $b > 0$ existiert genau ein positives Maß ψ mit der Periode b: Ist φ ein beliebiges positives Maß von der Periode a, so ist ψ die Abbildung

$$x \rightarrow \varphi(\frac{a}{b}x).$$

Je nachdem $a = 400, 360$ oder 2π (Umfang des Kreises vom Radius 1) ist, sagt man, daß φ in Neugrad, Grad oder Radiant (Bogenmaß) gemessen wird.

Die Gleichung $\varphi(x) = \alpha_0$ hat für jeden Winkel α_0 wenigstens eine Lösung, da $\varphi(R) = A$ ist. Ist x_0 eine von diesen Lösungen, so lautet die Gleichung $\varphi(x - x_0) = 0$. Ihre Lösungen sind also die Zahlen $x = x_0 + na$ mit $n \in Z$. Jede von ihnen nennt sich ein *Maß von* α_0; diejenige der Zahlen, die dem Intervall $[0, a[$ angehört, heißt oft auch das Hauptmaß von α_0.

Jede Beziehung $\alpha_1 = \alpha_2$ in A bedeutet nunmehr, daß $x_1 - x_2 = $ (Vielfaches von a), wobei x_i ein willkürliches Maß von α_i $(i = 1, 2)$ bezeichnet.

Anwendung. Sind $\alpha_0 \in A$ und $p \in Z$, so ist die Beziehung $p\,\alpha = \alpha_0$ in A gleichwertig mit $px = x_0 + na$, wobei x, x_0 beliebige Maße von α, α_0 bezeichnen.

Also ist

$$\alpha = \varphi\left(\frac{x_0}{p} + \frac{na}{p}\right) = \varphi\left(\frac{x_0}{p}\right) + \varphi\left(\frac{na}{p}\right)$$

Es gibt p verschiedene Lösungen, die für $n = 0, 1, 2, \ldots, (p-1)$ erhalten werden.

77. Skizze eines Existenzbeweises für stetige Abbildungen von R auf T

Es gibt verschiedene Existenzbeweise für die stetigen Abbildungen von R auf die multiplikative Gruppe T der komplexen Zahlen vom Absolutbetrag 1. Hier ist einer:

Für jede komplexe Zahl z konvergiert die Reihe $\sum\limits_{0}^{\infty} \frac{z^n}{n!}$ absolut. Ihre Summe sei f (z). Sie ist also eine stetige Funktion von z („normale" Konvergenz im ganzen Kreis, also gleichmäßige Stetigkeit).

Man bestätigt (Produkt von absolut-konvergenten Reihen) die Identität

$$f(u + v) = f(u)\, f(v).$$

Da $f(\bar{z}) = \overline{f(z)}$ ist (wobei $\overline{x + iy} = x - iy$), so ergibt sich für jedes $y \in R$
$f(iy)\, \overline{f(iy)} = f(iy)\, f(-iy) = f(0) = 1$, woraus $|f(iy)| = 1$ folgt.

Die durch $y \to f(iy)$ definierte Abbildung φ ist also eine stetige Abbildung von R in T.

Um $\varphi(R) = T$ zu beweisen, setzen wir $\varphi(y) = c(y) + i\, s(y)$ mit reellen $c(y)$ und $s(y)$. Die Funktionen c und s sind differenzierbar (Ableitung einer Reihe) und man erhält

$$c' = -s \text{ und } s' = c.$$

Aus diesen Relationen und aus $c(0) = 1$ folgt ganz elementar (Ableitung der Funktionen), daß eine Zahl $l > 0$ existiert, so daß $c(l) = 0$ und $c, s \geqslant 0$ über $[0, l]$ sind.

Daraus folgt, daß $s(l) = 1$, $\varphi(l) = i$ und $\varphi([0, l])$ die Menge der Elemente von T mit positiven Real- und Imaginärteilen ist. Daher ist dann $\varphi([0;\ 4l]) = T$ und $4l$ die Periode von φ.

Die Länge des Bogens $\varphi([0, l])$ von T ist leicht zu berechnen. Es gilt in der Tat $c'^2 + s'^2 = s^2 + c^2 = 1$, also ist die Länge dieses Bogens gleich ℓ, die man in klassischer Weise mit $\frac{\pi}{2}$ bezeichnet. (Die genaue Berechnung von π kann mit Hilfe der arctan-Reihe erfolgen.)

Eindeutigkeit. Die Behauptung, daß alle stetigen Abbildungen von R auf T sich aus einer von ihnen ergeben, wenn man sie mit einem Automorphismus $x \to kx$ von R zusammensetzt, stimmt mit der Behauptung überein, daß, wenn eine solche Abbildung ψ die Periode 2π hat und wenn $\psi(\frac{\pi}{2}) = i$ ist, dies die soeben untersuchte Abbildung φ ist.

Dazu zeigt man zunächst, daß die durch φ und ψ erzeugten Bilder von $[0, \frac{\pi}{2}]$ gleich sind. Daraus folgt, daß $\psi(\frac{\pi}{2n}) = \varphi(\frac{\pi}{2n})$ für jede ganze Zahl $n > 0$ gilt, daß also φ und ψ auf der Menge der Zahlen $\frac{p\pi}{2n}$ übereinstimmen. Diese Menge ist nun überall dicht auf R, aus der Stetigkeit von φ und ψ ergibt sich daher $\varphi = \psi$.

Bemerkungen. a) In der Analysis heißen die Funktionen c und s Kosinus und Sinus. Diese Ausdrucksweise ist durch die Tatsache gerechtfertigt, daß z.B. s (t) = (Sinus des zu φ (t) gehörigen Winkels). Dies ist eine bequeme Übereinkunft, man muß sich aber erinnern, daß dabei angenommen wird, daß das eingeführte Winkelmaß positiv ist und in Radiant gemessen wird.

b) Im Unterricht beweist man, daß die Funktion t $\rightarrow$ sin (t) für jedes Winkelmaß von φ differenzierbar ist, indem man mehr „zeigt" als beweist, daß $\lim_{t \to 0} \sin \frac{\varphi(t)}{t} = 1$, wenn φ positiv ist und in Radiant gemessen wird. Aufrichtiger ist es, ausdrücklich zu sagen, daß man die Existenz eines φ zulassen wird, das diese Relation erfüllt. Dann wird man sogleich beweisen, daß für ein solches φ die Relation $dx^2 + dy^2 = dt^2$ gilt, die eine anschauliche Deutung erlaubt (Aufrollen von R auf T).

78. Zahlenwert eines Winkels

Definition 78.1. *Es sei φ ein Winkelmaß in Radiant. Als Zahlenwert von α (in Radiant) definiert man für jeden Winkel α die positive Zahl p (α), für die p (α) = inf $|x|$ (für die x mit φ (x) = α).*

Es ist p (α) = p ($-\alpha$), da φ ($-x$) = $-\varphi$ (x).
Wir zeigen, daß p ($\alpha + \beta$) $\leqslant$ p (α) + p (β) ist.

In der Tat gibt es ein x $\in$ R, so daß φ (x) = α und $|x|$ = p (α), und ein y $\in$ R, so daß φ (y) = β und $|y|$ = p (β) ist.

Nun ist weiter φ (x + y) = $\alpha + \beta$, also

$$p (\alpha + \beta) \leqslant |x + y| \leqslant |x| + |y| = p (\alpha) + p (\beta).$$

Setzt man für alle $\alpha, \beta \in$ A

$$d (\alpha, \beta) = p (\beta - \alpha),$$

so ist d eine Distanz auf A, die in bezug auf die Translationen der Gruppe A invariant ist.

Daraus leitet man auch eine Distanz auf der Menge der Richtungen von Halbgeraden her, indem man

$$d (A, B) = p (\sphericalangle AB)$$

setzt.

Bemerkung. Jeder Winkel $\neq \bar{\omega}$ ist durch seinen Zahlenwert und seine Orientierung gegeben. Dies erklärt ohne es zu rechtfertigen die Möglichkeit, die Winkel ausgehend von ihrem Zahlenwert und ihrer Orientierung zu untersuchen.

Übungen zum Kapitel VII

1. f sei eine stetige Abbildung von [a, b] in die Gruppe $T = R/Z$, so daß $f(a) = 0$ ist, und φ sei die kanonische Abbildung von R auf T.

Es ist zu beweisen, daß es eine einzige stetige Abbildung g von [a, b] in R gibt, so daß $g(a) = 0$ und $f = \varphi \circ g$.

2. Es sei (α_i) irgendeine endliche Familie von Winkeln gleicher Orientierung. Wird mit p ihr Zahlenwert bezeichnet, so gilt

$$(\Sigma\, p\,(\alpha_i) \leqslant \pi) \;\Rightarrow\; (p\,(\Sigma\, \alpha_i) = \Sigma\, p\,(\alpha_i)).$$

Dies ist zu beweisen.

3. Beweise: Für jedes Dreieck (a, b, c) mit verschiedenen Ecken ist die Summe der Zahlenwerte ihrer Winkel gleich π.

VIII. Der Kreis

79. Definition und Symmetrien

Definition 79.1. *Es sei* a $\in \Pi$ *und* ρ *eine Zahl* > 0. *Die drei Teilmengen von* Π, *die durch die Beziehungen*

$$d(a, x) = \rho; \qquad d(a, x) < \rho; \qquad d(a, x) > \rho$$

definiert sind, heißen Kreis mit dem Mittelpunkt a *und dem Radius* ρ, *Inneres dieses Kreises und Äußeres dieses Kreises.*

Die beiden ersten bezeichnet man mit $C(a, \rho)$ bzw. $D(a, \rho)$. Die Menge $D(a, \rho)$ bzw. $D(a, \rho) \cup C(a, \rho)$ heißt auch offene bzw. abgeschlossene Kreisscheibe um a mit dem Radius ρ.

Jede von a ausgehende Halbgerade trifft $C(a, \rho)$ in einem einzigen Punkt, und a ist das Symmetriezentrum von $C(a, \rho)$.

Satz 79.2. a) *Der Punkt* a *ist das einzige Symmetriezentrum von* $C(a, \rho)$.

b) *Die Symmetrieachsen von* $C(a, \rho)$ *sind die Geraden durch* a.

Beweis. a) Es sei a' ein Symmetriezentrum von $C(a, \rho)$ und G eine Gerade durch a und a'. Die Gerade G trifft $C(a, \rho)$ in zwei Punkten, deren Mittelpunkt a und a' sind, woraus $a = a'$ folgt.

b) Es sei G eine Gerade durch a und φ die Spiegelung an der Achse G.

$$(x \in C(a, \rho)) \Rightarrow (d(a, \varphi(x)) = d(a, x) = \rho) \Rightarrow (\varphi(x) \in C(a, \rho)).$$

Also gilt

$$\varphi(C(a, \rho)) \subset C(a, \rho).$$

Daraus folgt

$$C(a, \rho) = \varphi^2(C(a, \rho)) \subset \varphi(C(a, \rho)).$$

Also ist $\varphi(C(a, \rho)) = C(a, \rho)$, d.h. G ist Symmetrieachse von $C(a, \rho)$.

Umgekehrt: G sei eine Symmetrieachse von $C(a, \rho)$ und G' die Senkrechte zu G durch a. Dann sind G und G' zwei senkrechte Symmetrieachsen; ihr Schnittpunkt ist also Symmetriezentrum von $C(a, \rho)$, d.h. gleich a. Daher verläuft G durch a.

Zusatz 79.3. $(C(a, \rho) = C(a', \rho')) \Rightarrow (a = a'$ *und* $\rho = \rho')$.

Da a und a' Symmetriezentren desselben Kreises sind, so ist $a = a'$ und daraus folgt dann sogleich $\rho = \rho'$.

Zusatz 79.4. *Der Kreis* $C(a, \rho)$ *ist in bezug auf jede Drehung um sein Zentrum stabil. Genauer: Die Kreise* $C(a, \rho)$ *und die Menge* $\{a\}$ *sind die Bahnkurven der Gruppe* R_a *der Drehungen um* a.

Zusatz 79.5. *Bei zwei Kreisen* C, C' *mit verschiedenen Mittelpunkten ist die Verbindungsgerade der beiden Mittelpunkte Symmetrieachse von* $C \cup C'$ *und* $C \cap C'$.

80. Ähnliche Abbildung

Satz 80.1. *Eine ähnliche Abbildung* f *im Maßstab* k (k $>$ 0) *bildet den Kreis* $C(a, \rho)$ *in den Kreis* $C(f(a), k\rho)$ *ab.*

Beweis. Es gilt offensichtlich

$$(x \in C(a, \rho)) \Rightarrow (d(a, x) = \rho) \Rightarrow (d(f(x), f(a)) = k\rho) \Rightarrow (f(x) \in C(f(a), k\rho)),$$

d.h.

(1) $f(C(a, \rho)) \subset C(f(a), k\rho)$.

Die zu f inverse Abbildung f^{-1} ist eine Ähnlichkeitsabbildung im Maßstab k^{-1}. Daher gilt gleichermaßen

(2) $f^{-1}(C(f(a), k\rho)) \subset C(a, \rho)$.

Übt man auf beide Seiten dieser Beziehung die Abbildung f aus, so erhält man

(3) $C(f(a), k\rho) \subset f(C(a, \rho))$.

Der Vergleich von (3) mit (1) liefert die Behauptung.

Satz 80.2. *Sind* $C(a, \rho)$, $C(a', \rho')$ *zwei Kreise, so gibt es genau zwei (verschiedene) Dilatationen von* Π, *die den ersten in den zweiten überführen; ihre Maßstäbe sind entgegengesetzt.*

Beweis. Nach Satz 80.1 ist das durch die Dilatation $x \to kx + b$ ($k \in R^*$, $b \in (\Pi, 0)$) in der zentrierten Ebene $(\Pi, 0)$ erzeugte Bild des Kreises $C(a, \rho)$ der Kreis mit dem Mittelpunkt $ka + b$ und dem Radius $|k|\rho$.

Die Identität dieses Kreises mit $C(a', \rho')$ schreibt man daher in der Form

$$a' = ka + b; \quad \rho' = |k|\rho.$$

Diese Beziehungen sind gleichwertig mit

$$k = \frac{\rho'}{\rho} \text{ oder } -\frac{\rho'}{\rho}; \quad b = a' - ka.$$

Diese letzteren bestimmen aber eindeutig die gesuchten Dilatationen. Sie sind verschieden, da ihre Maßstäbe entgegengesetzt sind.

Sonderfälle

a) $\rho = \rho'$. Die eine der Dilatationen ist die Translation $x \to x + (a' - a)$, die andere die Spiegelung an dem Mittelpunkt von (a, a').

b) $a = a'$. Die Dilatationen sind zwei Streckungen mit dem Zentrum $a = a'$.

c) Ist $\rho \neq \rho'$ und $a \neq a'$, so sind die beiden Dilatationen zentrische Streckungen. Ihre Zentren liegen offenbar auf $\Gamma(a, a')$ und teilen (a, a') in den Verhältnissen $\dfrac{\rho}{\rho'}$ und $-\dfrac{\rho}{\rho'}$, sind also in bezug auf (a, a') konjugierte harmonische Punkte.

Bemerkung. Das eben über die Kreise Gesagte läßt sich auch auf das Innere und das Äußere von Kreisen übertragen.

81. Konvexität der Kreisscheibe

Satz 81.1. *Jede offene (oder abgeschlossene) Kreisscheiben ist konvex.*

Beweis. Es seien $b, c \in D(a, \rho)$. Nach Zusatz 40.4 folgt

$$(x \in [b, c]) \Rightarrow (d(a, x) \leqslant \sup d(a, b), d(a, c)), \text{ woraus } d(a, x) < \rho \text{ folgt.}$$

Für eine abgeschlossene Kreisscheibe geht der Beweis entsprechend.

Zusatz. *Der Durchschnitt von zwei Kreisscheiben (Linse genannt) ist konvex. Der Durchschnitt einer Kreisscheibe und einer Halbebene ist konvex.*

82. Schnitt Kreis-Gerade

Satz 82.1. *Es sei G eine Gerade, C ein Kreis um a mit dem Radius ρ, d der Abstand (die Distanz) des Punktes a von G, ferner G' die Senkrechte durch a auf G und x_0 der Schnittpunkt von G und G'. Dann gilt*

$(d > \rho) \Rightarrow (G \cap C = \phi) \qquad und \quad G \subset Äußeres\ von\ C$

$(d = \rho) \Rightarrow (G \cap C = \{x_0\})\ und \quad G \dot{-} \{x_0\} \subset Äußeres\ von\ C$

$(d < \rho) \Rightarrow (G \cap C = \{x_1, x_2\},\ wobei\ x_1 \neq x_2)\ und\ ]x_1, x_2[\subset Inneres\ von\ C$

$$G \dot{-} [x_1, x_2] \subset Äußeres\ von\ C$$

Dies alles folgt leicht aus Satz 40.1.

Zusatz 82.2. *Liegen u und v im Inneren bzw. im Äußeren von C, so schneidet [u, v] den Kreis C in einem einzigen Punkte.*

Ist nämlich G die Gerade, die u und v enthält, so liegt offenbar der dritte Fall des obigen Satzes vor. Also ist

$$u \in]x_1, x_2[\quad und \quad v \in G \dot{-} [x_1, x_2],$$

woraus die Behauptung folgt.

Anwendung. *Liegt von den Punkten* $u_1, u_2, u_3, \ldots, u_n \in \Pi$ *der Punkt* u_1 *im Innern von* C *und* u_n *im Äußeren, so gibt es eine Strecke (Intervall)* $[u_i, u_{i+1}]$, *die* C *schneidet.*

Der größte Index i, für den u_i im Kreisinnern von C liegt, sei p. Nun ist $p \neq n$ und u_{p+1} liegt im Äußeren von C. Also trifft $[u_p, u_{p+1}]$ den Kreis C.

83. Tangente an einen Kreis

Definition 83.1. *Als Tangente an* $C(a, \rho)$ *im Punkte* x *dieses Kreises wird die Gerade* G *durch* x *bezeichnet, die senkrecht zu* $\Gamma(a, x)$ *liegt.*

Nach dem Satz 82.1 trifft G den Kreis nur in x, und $(G \div \{x\})$ ist das Äußere des Kreises. Daraus folgt, daß durch einen innerhalb des Kreises liegenden Punkt keine Tangente verlaufen kann und daß die einzige Tangente, die durch einen Punkt x dieses Kreises geht, die Tangente an diesen Kreis in diesem Punkt ist. Das ergibt folgende Äquivalenzen:

$$(G \text{ ist Tangente an } C \text{ in } x) \Leftrightarrow (G \cap C = \{x\})$$
$$\Leftrightarrow (\text{Die Projektion von } a \text{ auf } G \text{ ist } x \text{ und } d(a, x) = \rho)$$

Satz 83.2. *Für jede Ähnlichkeitsabbildung* f *von* Π *und jeden Kreis* C *gilt*
$(G$ *ist Tangente an* C *in* x) $\Leftrightarrow$ $(f(G)$ *ist Tangente an* $f(C)$ *in* $f(x))$.

Beweis. Dies folgt z.B. daraus, daß sich diese beiden Aussagen in der Form

$$(G \cap C) = \{x\} \text{ bzw. } f(G) \cap f(C) = f(x)$$

schreiben lassen. Ist insbesondere f eine Dilatation, so sind die Tangenten an entsprechenden Punkten von C und $f(C)$ parallel.

84. Schnitt zweier Kreise

Es seien $C(a, \rho)$ und $C(a', \rho')$ zwei Kreise. Haben sie einen Punkt x gemeinsam, so hat das Tripel (a, a', x) die Seiten $d(a, a'), \rho', \rho$.

Umgekehrt: Existiert ein ebenes Dreieck (b, b', y) mit den Seiten $d(a, a'), \rho', \rho$, so gibt es eine Isometrie f, die (b, b') in (a, a') abbildet. Der Punkt $f(y)$ gehört also beiden Kreisen an.

Wendet man eines der Kriterien für die Existenz eines ebenen Dreiecks mit gegebenen Seiten (Satz 39.5) an, so kann man behaupten:

Satz 84.1. Sind C, C' *zwei Kreise mit den Radien* ρ, ρ', *deren Mittelpunkte die Entfernung* d *haben, so gilt*

$$(C \cap C' \neq \phi) \Leftrightarrow (|\rho - \rho'| \leqslant d \leqslant \rho + \rho').$$

Dieser Satz läßt sich durch die folgende Behauptung leicht ergänzen:
Ist d = 0, so lautet die Bedingung auch $\rho = \rho'$, und dann ist

$$C \cap C' = C = C'.$$

Ist d $\neq$ 0 und gelten die Ungleichheitszeichen, so hat man $C \cap C' = \{ x_1, x_2 \}$, wobei x_1 und x_2 verschieden und in bezug auf die Zentrale (= Gerade durch die Kreismitten) symmetrisch sind. Steht in der Beziehung einmal das Gleichheitszeichen, so ist $x_1 = x_2$, und die beiden Kreise haben in diesem Punkt dieselbe Tangente. (Man sagt, daß sie sich berühren.)

85. Kreisgleichung

(u_1, u_2) sei eine orthonormale Basis der Ebene $(\Pi, 0)$, und es seien x_1, x_2 die Koordinaten eines Punktes x in bezug auf diese Basis.

Satz 85.1.

$$(x \in C(a, \rho)) \Leftrightarrow ((x_1 - a_1)^2 + (x_2 - a_2)^2 = \rho^2).$$

Beweis. Die Tatsache $x \in C(a, \rho)$ kann man in der Form $d^2(a, x) = \rho^2$ schreiben. Daraus folgt die Äquivalenz.

Die Relation $(x_1 - a_1)^2 + (x_2 - a_2)^2 = \rho^2$ ist von der Form

$$x_1^2 + x_2^2 + 2\alpha x_1 + 2\beta x_2 + \gamma = 0.$$

Wir wollen nun untersuchen, in welchen Fällen eine solche Gleichung die eines Kreises ist.

Sie schreibt sich

$$(x_1 + \alpha)^2 + (x_2 + \beta)^2 + \gamma - \alpha^2 - \beta^2 = 0.$$

Ist $\gamma > \alpha^2 + \beta^2$, so ist die linke Seite stets > 0; daher gibt es keine Lösung.
Ist $\gamma = \alpha^2 + \beta^2$, so ist die einzige Lösung der Punkt $(-\alpha \mid -\beta)$.
Ist $\gamma < \alpha^2 + \beta^2$, so setzen wir $\rho = (\alpha^2 + \beta^2 - \gamma)^{\frac{1}{2}}$. Diese Gleichung ist offenbar die eines Kreises mit dem Mittelpunkt $(-\alpha \mid -\beta)$ und dem Radius ρ.

Verläuft $C(a, \rho)$ durch den Punkt 0, so ist

$$a_1^2 + a_2^2 = \rho^2 \text{ oder } \gamma = 0$$

und umgekehrt.

86. Einige kennzeichnende Eigenschaften

Wir zählen einige klassische Eigenschaften auf, die man gut in den Übungen abhandeln kann, ohne ihnen jedoch eine übertriebene Bedeutung beizumessen.

1. Es seien a, b $\in \Pi$, und es sei 0 ihr Mittelpunkt. Dann gilt für jedes x $\in$ C $(0, \rho)$

$$d^2 (x, a) + d^2 (x, b) = 2 \rho^2 + 2 d^2 (0, a).$$

Umgekehrt ist für jedes k $> 2 d^2 (0, a)$ die Menge der Punkte x $\in \Pi$, für die $d^2 (x, a) + d^2 (x, b) = k$ ist, ein Kreis mit dem Zentrum 0.

2. a, b $\in \Pi$ (mit a $\neq$ b) und eine Zahl k > 0 seien vorausgesetzt. Mit E bezeichne man die Menge der x von Π, für die $d (x, a) = k \, d (x, b)$ gilt.

Die Bestimmung von E mittels sogenannter „elementarer" Methoden hat ihre Tücken. Nun hat man hier eine glänzende Gelegenheit, an einer regulären Methode die Durchschlagskraft der Algebra zu erläutern.

Wir wählen eine orthonormale Basis so, daß deren erste Achse a und b enthält. Die gegebene Relation lautet dann

$$d^2 (x, a) - k^2 \, d^2 (x, b) = 0$$

oder

$$((x - a_1)^2 + x_2^2) - k^2 ((x - b_1)^2 + x_2^2) = 0.$$

Ist k $= 1$, so ist E offenbar die Mittelsenkrechte von (a, b).

Ist k $\neq 1$, so ist diese Gleichung nach Division durch $(1 - k^2)$ offenbar von der Form

$$x_1^2 + x_2^2 + 2 \alpha x_1 + 2 \beta x_2 + \gamma = 0.$$

Da E auf $\Gamma (a, b)$ zwei verschiedene Punkte m_1, m_2 besitzt, so liefert die Untersuchung mit Hilfe des Satzes 85.1, daß E ein Kreis ist. Da ferner $\Gamma (a, b)$ eine Symmetrieachse von E darstellt, so hat dieser Kreis den Durchmesser (m_1, m_2); m_1 und m_2 teilen (a, b) harmonisch.

Ist umgekehrt C irgendein Kreis und sind a, b irgendzwei verschiedene Punkte auf der Symmetrieachse G von C, die in bezug auf die beiden Punkte m_1, m_2 von C $\cap$ G harmonisch liegen, so ist die Menge der x, für die

$$d (x, a) = k \, d (x, b) \quad \text{oder} \quad k = \frac{d (m_1, a)}{d (m_1, b)} = \frac{d (m_2, a)}{d (m_2, b)}$$

gilt, identisch mit C.

Man könnte im folgenden die Menge der Kreise betrachten, die man durch Variieren von k (bei festen a, b) erhält, konjugierte Kreisbüschel untersuchen usw.

3. Gewöhnlich betrachtet man die Menge der Punkte, von denen eine Strecke unter einem gegebenen Winkel erscheint. Dabei unterscheidet man den Fall, daß es sich um Winkel zwischen Geraden handelt von dem, wo Winkel von Halbgeraden gemeint sind. Wir werden sehen, daß man bei einer geeigneten Formulierung die Winkel von Geraden vermeiden und das Problem sehr einfach lösen kann.

Hilfssatz 86.1. *Es sei* $(x, 0, y)$ *ein gleichschenkliges Tripel* $(d(0, x) = d(0, y))$ *mit verschiedenen Ecken. Dann gilt*

$$\sphericalangle\, x0y + 2 \sphericalangle\, 0yx = \sphericalangle\, x0y + 2 \sphericalangle\, yx0 = \bar{\omega}.$$

Beweis. Nach Zusatz 59.2 ergibt sich

$$\sphericalangle\, x0y + \sphericalangle\, 0yx + \sphericalangle\, yx0 = \bar{\omega} \quad \text{und} \quad \sphericalangle\, 0yx = \sphericalangle\, yx0.$$

Satz 86.2. *Für jedes nicht in einer Geraden liegende Tripel* (a, x, b) *von* Π *gilt* $2 \sphericalangle\, axb = \sphericalangle\, a0b$, wobei 0 den Mittelpunkt des Kreises durch a, b, x bezeichnet.

Beweis. Nach dem Hilfssatz 86.1 gilt für die gleichschenkligen Dreiecke $(x, 0, a)$ und $(b, 0, x)$

$$\sphericalangle\, x0a + 2 \sphericalangle\, a0x = \bar{\omega} \quad \text{und} \quad \sphericalangle\, b0x + 2 \sphericalangle\, x0b = \bar{\omega},$$

woraus durch Addieren

$$\sphericalangle\, b0a + 2 \sphericalangle\, axb = 0 \quad \text{oder} \quad 2 \sphericalangle\, axb = \sphericalangle\, a0b$$

folgt.

Zusatz 86.3. *Es sei* α *ein Winkel* $\neq 0$ *und* C *der durch die beiden verschiedenen Punkte* a, $b \in \Pi$ *gehende Kreis, dessen Zentrum 0 durch* $2 \sphericalangle\, ba0 = \bar{\omega} - \alpha$ *definiert ist. Dann gilt für alle* $x \neq a, b$ *die Äquivalenz*

$$(x \in C) \Leftrightarrow (2 \sphericalangle\, axb = \alpha).$$

Beweis. Für jeden Punkt 0 der Mittelsenkrechten von (a, b) ist die Relation $2 \sphericalangle\, ba0 = \bar{\omega} - \alpha$ äquivalent mit $\sphericalangle\, a\,0b = \alpha$. Liegen andererseits a, x, b in einer Geraden, so hat man

$$2 \sphericalangle\, axb = 0 \neq \alpha.$$

Es sei nun $x \in \Pi$ mit $x \neq a$ und $x \neq b$.

Ist $x \in C$, so gilt nach Satz 86.2 $2 \sphericalangle\, axb = \sphericalangle\, a0b = \alpha$. Gilt umgekehrt $2 \sphericalangle\, axb = \alpha$, so liegen die Punkte a, x, b nicht in einer Geraden. Bezeichnet $0'$ das Zentrum des Kreises, der a, x, b enthält, so liefert derselbe Satz, daß $\sphericalangle\, a0'b = \alpha$, woraus also $0 = 0'$, d.h. $x \in C$ folgt.

Bemerkung. Sind β_1, β_2 die beiden Lösungen von $2\,\beta_i = \alpha$, so hat man $\beta_i \neq 0$ und $\bar{\omega}$ $(i = 1, 2)$ und $\beta_1 - \beta_2 = \bar{\omega}$. Der eine dieser beiden Winkel ist also positiv, der andere negativ orientiert. Je nachdem x in der einen oder in der anderen der beiden zu $\Gamma(a, b)$ gehörigen offenen Halbebenen Π_1, Π_2 liegt, ist $\measuredangle$ axb positiv oder negativ orientiert (nach Satz 69.1 auf $\measuredangle$ xba zurückführen).

Auf einem der Bogen $C \cap \Pi_i$ ist daher $\measuredangle$ axb gleich β_1 und auf dem anderen gleich β_2. Daraus folgt, daß die Menge der Punkte x von Π, für die $\measuredangle$ axb $= \beta$ ist, bei jedem Winkel β ein Kreisbogen mit den Enden a und b ist.

87. Potenz eines Punktes in bezug auf einen Kreis

Definition 87.1. *Als Potenz eines Punktes* x *von* Π *in bezug auf einen Kreis* $C(a, \rho)$ *bezeichnet man die Zahl* $P(x) = d^2(a, x) - \rho^2$. *Die Funktion* $x \to P(x)$ *heißt die Potenz in bezug auf* $C(a, \rho)$.

Offensichtlich gilt $P(x) < 0$, $P(x) > 0$ oder $P(x) = 0$, je nachdem x im Innern, im Äußeren von $C(a, \rho)$ oder auf diesem Kreis liegt.

In einer orthonormalen Basis gilt

$$P(x) = (x_1 - a_{1\cdot})^2 + (x_2 - a_2)^2 - \rho^2.$$

Satz 87.2. *Es sei* P *die Potenz in bezug auf einen Kreis* C *und* $x \in \Pi$.

a) *Für diametral auf* C *gegenüberliegende Punkte* p, q *gilt für die Vektoren* **xp, xq**

$$P(x) = \mathbf{xp} \cdot \mathbf{xq}.$$

b) *Sind* p, p$'$ *zwei verschiedene Punkte von* C, *die mit* x *in einer Geraden liegen, so gilt*

$$P(x) = \mathbf{xp} \cdot \mathbf{xp}' = \mathbf{xp} \cdot \mathbf{xp}'.$$

c) *Ist* x *ein Punkt auf der Tangente in einem Punkt* p *an* C, *so gilt*

$$P(x) = (\mathbf{xp})^2 = d^2(x, p).$$

Beweis. a sei das Zentrum von C und ρ sein Radius.

a) $\mathbf{xp} \cdot \mathbf{xq} = (\mathbf{xa} + \mathbf{ap}) \cdot (\mathbf{xa} - \mathbf{ap}) = \mathbf{xa}^2 - \mathbf{ap}^2 = d^2(a, x) - \rho^2 = P(x)$.

b) Liegt q in bezug auf a symmetrisch zu p, so weiß man, daß $\mathbf{p}'\mathbf{q}$ und $\mathbf{xp}$ senkrecht sind. Daraus folgt

$$\mathbf{xp} \cdot \mathbf{xp}' = \mathbf{xp} \cdot (\mathbf{xq} + \mathbf{qp}') = \mathbf{xp} \cdot \mathbf{xq} = P(x).$$

c) Im rechtwinkligen Dreieck (x, a, p) gilt

$$d^2(x, p) = d^2(a, x) - \rho^2 = P(x).$$

Potenzachse und Kreisbüschel

Es seien C und C′ verschiedene Kreise, P und P′ die Potenzen in bezug auf diese
Kreise und k irgendeine Zahl.

Man kann durch eine einfache Rechnung (bei passender orthonormaler Basis) die
Gleichung der Menge der Punkte x bestimmen, so daß $P(x) = k\,P'(x)$ ist, und das
Ergebnis mit dem bei den Kreisen der Gleichung

$$d(x, a) = h\, d(x, b)$$

vergleichen.

Übungen zum Kapitel VIII

1. X sei das Äußere eines Kreises. Es soll gezeigt werden, daß X zusammenhängend
ist, d.h. daß man irgendzwei Punkte von X durch einen Polygonzug verbinden kann,
dessen Seiten ganz in X enthalten sind.

2. Es soll gezeigt werden, daß jede abgeschlossene (bzw. offene) Kreisscheibe der
Durchschnitt einer Familie von offenen Halbebenen ist. Daraus soll weiter hergeleitet werden, daß eine solche Scheibe konvex ist.

3. D sei eine abgeschlossene Kreisscheibe in Π. Es ist zu zeigen, daß für jedes $x \in \Pi$
ein einziger Punkt y von D existiert, für den die Distanz $d(x, y)$ zu einem Minimum
wird. Man nennt diesen Punkt $p(x)$ die Projektion von x auf D.
Beweise ferner: Die Projektion p auf D verringert die Entfernungen, d.h. es gilt
$d(p(u), p(v)) \leqslant d(u, v)$.

4. Wir bezeichnen mit X irgendeine Teilmenge von Π, mit r eine Konstante > 0
und mit δ eine Geradenrichtung.
Es soll die Menge der Berührpunkte der Tangenten von der Richtung δ an die
Kreise $C(x, r)$ mit $x \in X$ bestimmt werden.

5. X = irgendeine Teilmenge von Π; $0 \in \Pi$; δ Geradenrichtung. Ferner sei Y die
Menge der Berührpunkte der Tangenten von der Richtung δ an die Kreise durch 0,
deren Mittelpunkte auf X liegen. Wie kommt man von X zu Y?

6. Auf den Geraden A und B liegen die Punkte u bzw. v mit $u \neq v$. Es sei x ein beliebiger von u und v verschiedener Punkt und $\alpha(x)$ bzw. $\beta(x)$ der Kreis oder die Gerade durch x, der oder die A in u bzw. B in v berührt. Es soll die Menge der Punkte x bestimmt werden, für die $\alpha(x)$ und $\beta(x)$ sich berühren.

7. f sei eine paarige Ähnlichkeitsabbildung von Π und $a \in \Pi$. Wie heißt die Menge der Punkte x, für die $x \neq f(x)$ und $a \in \Gamma(x, f(x))$ ist?

8. Wir betrachten zwei Kreise C, C′ mit verschiedenen Radien. Es soll die Menge der paarigen Ähnlichkeitsabbildungen untersucht werden, die C in C′ überführen. Dasselbe soll für die unpaarigen Ähnlichkeitsabbildungen geschehen; dabei ist zu zeigen, daß die Achsen dieser Ähnlichkeitsabbildungen durch einen festen Punkt gehen.

9. Wir setzen eine Gerade G, einen Kreis C und eine Konstante k voraus. $P(x)$ sei die Potenz eines Punktes x in bezug auf C und $d(x)$ der Abstand x von G. Wie sieht die Menge der Punkte x aus, für die $P(x) = k\, d(x)$?

10. $(C_i)_{i \in I}$ sei eine Familie von Kreisen, $(\lambda_i)_{i \in I}$ eine solche von Zahlen. $P_i\,(i \in I)$ sei die Potenz in bezug auf C_i. Welches ist die Menge der Punkte x, so daß

$$\Sigma\, \lambda_i P_i(x) = C \quad (\text{C fest vorgegeben})?$$

Für welche Menge ist insbesondere $\Sigma\, \lambda_i = 0$? In welchen Fällen ist die Funktion $\Sigma\, \lambda_i P_i$ in Π konstant?

IX. Der Raum

A. Die Axiome

88. Wahl einer Methode

In der Einleitung haben wir für das erste deduktive Vorgehen in der unterrichtlichen Behandlung der ebenen Geometrie die Notwendigkeit einer anschaulich aufgebauten Axiomatik unterstrichen, die das Band zwischen unserer sinnlichen Erfahrungswelt und der Mathematik deutlich werden läßt.

Sobald der Schüler eine solche Axiomatik verstanden hat und ihm der Gebrauch des Vektors und des skalaren Produktes vertraut geworden ist, ist es nicht mehr so unbedingt nötig, das gleiche Vorgehen bei der Behandlung der Raumgeometrie zu wiederholen, vor allem dann, wenn er an passendem Stoff bereits eine anschauliche Vorstellung von der Geometrie des Raumes, insbesondere vom orthogonalen oder schiefwinkligen Koordinatensystem, erhalten hat.

Wir werden jedoch sehen, daß es möglich ist, eine Axiomatik für den Raum zu formulieren, die die Axiomatik der Ebene erweitert und die es uns dank der früheren Untersuchungen der Ebene sehr schnell erlaubt, seine Struktur als die eines mit einem Skalarprodukt ausgestatteten Vektorraumes aufzubauen.

Nach unserer Ansicht ist es also vorzuziehen, die systematische Behandlung des Begriffs des mit einem Skalarprodukt ausgestatteten Vektorraumes den letzten Klassen unserer Gymnasien (17 bis 18jährige Schüler) vorzubehalten. Nach der axiomatischen Untersuchung der Ebene und des Raumes würde sie im Bereich irgendwelcher Räume endlicher Dimension wie eine fruchtbare Synthese erscheinen.

Den Axiomen der Ebene ist nur wenig hinzuzufügen, um die des Raumes zu erhalten:

a) Durch drei Punkte verläuft mindestens eine Ebene.

b) Jede Ebene, die zwei verschiedene Punkte einer Geraden enthält, enthält diese Gerade ganz.

c) Jede Ebene E teilt ihr Komplement in zwei nichtleere Teilmengen R_1 und R_2 derart, daß jede Strecke, deren Endpunkte in R_1 bzw. R_2 liegen, E durchsetzt.

Diese Sätze sind nur dann klar zu verstehen, wenn sie in der Menge der anderen Axiome erfaßt sind. Wir geben daher die Menge der Axiome des Raumes ausdrücklich an.

89. Axiome des dreidimensionalen Raumes

Der Raum ist eine Menge **R**, die durch die Vorgabe einer Menge G von Teilmengen von **R**, Geraden genannt, und einer Menge E von Teilmengen von **R**, Ebenen genannt, mit einer Struktur ausgestattet ist, wobei die Geraden und Ebene ihrerseits mit Strukturen versehen sind, wie sie die Axiome genau umreißen, und die unter sich durch andere Axiome verknüpft sind.

Man wird voraussetzen, daß **R** wenigstens zwei verschiedene Ebenen enthält, jede Ebene wenigstens zwei verschiedene Geraden und jede Gerade wenigstens zwei verschiedene Punkte.

Definition 89.1. *Zwei Geraden* A, B *heißen parallel (geschrieben* A ∥ B)*, wenn entweder* A = B *ist oder wenn* A, B *in derselben Ebene enthalten sind und sich nicht schneiden.*

I. Inzidenz-Axiome

a) Durch jedes Paar (x, y) von verschiedenen Punkten von **R** verläuft genau eine einzige Gerade, die x und y enthält.

b) Ist G irgendeine Gerade einer Ebene E und x irgendein Punkt $x \in E$, so verläuft durch x genau eine Gerade von E, die parallel zu G ist.

c) Eine Ebene, die zwei verschiedene Punkte einer Geraden enthält, enthält diese Gerade ganz.

d) Durch drei Punkte (x, y, z) des Raumes **R** verläuft wenigstens eine Ebene, die x, y, z enthält.

II. Ordnungsaxiome

a) Jeder Geraden G sind auf G zwei Strukturen totaler Ordnung zugeordnet, die entgegengesetzt sind.

b) Für jedes Paar (A, B) von parallelen Geraden und alle Punkte a, b, a′, b′, für die a, a′ $\in$ A und b, b′ $\in$ B ist, gilt, daß jede Parallele zu diesen Geraden, die [a, b] schneidet, auch [a′, b′] schneidet.

III. Axiome der additiven Struktur

a) Der Menge **R** ist eine Abbildung d von **R** x **R** in R_+ zugeordnet, *Distanz* genannt, so daß

(1)   d (y, x) = d (x, y) für alle x, y.

(2)   Für jede orientierte Gerade G, für jeden Punkt $x \in G$ und jede Zahl $l \geqslant 0$ gibt es auf G einen einzigen Punkt y, so daß $x \leqslant y$ und d (x, y) = l ist.

(3) $(x \in [a, b]) \Rightarrow (d\,(a, x) + d\,(x, b) = d\,(a, b))$.

b) Für jedes Paar (A, B) von parallelen Geraden und für alle Punkte a, b, a', b' mit $a, a' \in A$ und $b, b' \in B$ verläuft jede Parallele zu diesen Geraden, die durch den Mittelpunkt von (a, b) geht, auch durch den Mittelpunkt von (a', b').

IV. Axiome des Senkrechtstehens und der Symmetrie

a) In der Menge der Geraden jeder Ebene E existiert eine binäre Relation, Relation des Senkrechtstehens genannt und $\perp$ geschrieben, so daß

(1) $(A \perp B) \Leftrightarrow (B \perp A)$ (Symmetrie der Relation)

(2) $(A \perp B) \Leftrightarrow$ (A und B sind nicht parallel)

(3)   Zu jeder Geraden A von E gibt es wenigstens eine Gerade B von E, so daß $A \perp B$.

(4)   Für jedes Paar (A, B) von Geraden von E mit $A \perp B$ und für jede Gerade B' von E gilt die Äquivalenz $(B \parallel B') \Leftrightarrow (A \perp B')$.

b) Für jedes von demselben Ursprung ausgehende Paar (A_1, A_2) von Halbgeraden gilt

$$c(A_1, A_2) = c(A_2, A_1).$$

V. Dimensionsaxiom

Jede Ebene E teilt ihr Komplement in zwei nichtleere Teilmengen R_1 und R_2 derart, daß

$$(x_1 \in R_1, x_2 \in R_2) \Leftrightarrow (E \cap [x_1, x_2] \text{ nichtleer}).$$

Der Wortlaut gewisser Axiome enthält Ausdrücke und Bezeichnungen, die in einer vollständigen Darstellung offensichtlich mit Hilfe schon bekannter Ausdrücke definiert werden müssen, so z.B. die Bezeichnung $c(A_1, A_2)$. Diese Definitionen schließen sich offenbar an die entsprechenden Definitionen in der ebenen Axiomatik an.

Im folgenden bezeichnen wir zwei Geraden A, B als *schneidend*, wenn $A \neq B$ und $A \cap B \neq \phi$ (ihre Schnittmenge ist nun nach Axiom Ia auf einen Punkt reduziert); Wir sagen, daß eine Gerade G eine Ebene E schneidet, sie trifft oder durchstößt, wenn $G \not\subset E$ und $G \cap E \neq \phi$ gilt (wobei nach Axiom Ic der Durchschnitt auf ein Punkt reduziert ist).

90. Erste Folgerungen

Wir wollen sogleich feststellen, daß sich die Axiome in jeder Ebene E von R auf die der ebenen Geometrie reduzieren. In E verfügen wir also über alle bereits früher erhaltenen Resultate.

Wir werden sehen, daß die Axiome I, II, III, IV die allgemeinsten affinen Räume charakterisieren, die mit einer an ein Skalarprodukt geknüpften Metrik versehen sind. Das Dimensionsaxiom V wird erst am Ende der Entwicklung benötigt; es erlaubt den Nachweis, daß die Dimension des Raumes 3 ist.

Satz 90.1. *Für drei nicht in einer Geraden liegende Punkte* a, b, c *von* $\mathbb{R}$ *gibt es genau eine einzige Ebene, die* a, b, c *enthält.*

Beweis. Nach Axiom Id existiert eine solche Ebene. Es seien nun E_1, E_2 zwei Ebenen, die a, b, c enthalten. Dann enthalten sie nach Axiom Ic die Geraden $\Gamma(a, b)$, $\Gamma(b, c)$, $\Gamma(c, a)$. Durch jeden Punkt x von E_1 außerhalb dieser Geraden gibt es eine Gerade von E_1, die $\Gamma(a, b)$ und $\Gamma(b, c)$ in zwei verschiedenen Punkten y und z trifft. Da y und $z \in E_2$, so hat man $\Gamma(y, z) \in E_2$, woraus $x \in E_2$ folgt, d.h. $E_2 \subset E_1$ und ebenso $E_1 \subset E_2$, was Gleichheit bedeutet.

Zusatz 90.2. *Jedes Paar von schneidenden Geraden bestimmt genau eine Ebene, die sie enthält.*
Jede Gerade G *und jeder Punkt* $x \notin G$ *bestimmen eine einzige Ebene, die* G *und* x *enthält.*

Zusatz 90.3. *Durch jeden Punkt* x *gibt es zu jeder Geraden* G *genau eine einzige Parallele.*

Beweis von 90.3. Für $x \in G$ ist es offensichtlich. Liegt x nicht auf G, so existiert genau eine Ebene E, die x und G enthält; in ihr wird Axiom Ib angewendet.

Aus diesem Zusatz folgt, daß für jede Gerade G die Relation
„$(x \sim y)$, falls eine Parallele zu G existiert, die x und y enthält"
eine Äquivalenzrelation in $\mathbb{R}$ ist, deren Klassen die Parallelen zu G sind. Aber in diesem Augenblick können wir noch nicht beweisen, daß der Parallelismus in der Menge G der Geraden eine Äquivalenzrelation ist.

B. Affinstruktur des Raumes

91. Der zentrierte Raum (R, 0)

Wir ordnen nun dem mit einem Ursprung versehenen Raum eine Struktur eines Vektorraumes über R zu. Dafür benötigen wir nur die Axiome I, II, III. Im folgenden bezeichnen (G, 0) und (E, 0) Geraden und Ebenen mit der Struktur eines Vektorraumes, wie er in Kap. II definiert ist.

Definition 91.1. *Als zentrierten Raum* (**R**, 0) *bezeichnet man für alle* $0 \in \mathbb{R}$ *die Menge* **R**, *die mit der inneren Operation* $(x, y) \to x + y$ *und mit der Multiplikation mit Zahlengrößen versehen ist, die folgendermaßen definiert sind:*

a) *Liegen* 0, x, y *nicht in einer Geraden, so ist* (x + y) *die Summe der Vektoren* x, y *der zentrierten Ebene* (E, 0), *die* 0, x, y *enthält.*

b) *Liegen* 0, x, y *in einer Geraden und fallen sie nicht alle mit* 0 *zusammen, so ist* (x + y) *die Summe der Vektoren* x, y *der zentrierten Geraden* (G, 0), *die* 0, x, y *enthält.*

c) *Für* x = y = 0 *ist* x + y = 0. *Schließlich läßt sich die Multiplikation* $(\lambda, x) \to \lambda x$ *auf jeder zentrierten Geraden* (G, 0), *die* 0 *enthält, in naheliegender Form definieren.*

Mit Hilfe der Ergebnisse des Kapitels II werden wir nun sofort den folgenden wichtigen Satz beweisen.

Satz 91.2. *Der zentrierte Raum* (**R**, 0) *ist ein Vektorraum über* R. *Seine Unterräume der Dimension* 1 *und* 2 *sind die Geraden und Ebenen von* **R**, *die durch* 0 *gehen.*

Beweis. **a)** Die Axiome des Vektorraumes sind fast alle leicht zu bestätigen, einschließlich der Relation $\lambda (x + y) = \lambda x + \lambda y$, die man in einer zentrierten Ebene (E, 0) nachweist, die 0, x, y enthält. Die einzige nicht evidente Eigenschaft ist die Assoziativität:

$$(a + b) + c = a + (b + c) \tag{1}$$

Zum Nachweis setzen wir

$$m = \text{Mitte von } (a, b) \quad \text{und} \quad n = \text{Mitte von } (b, c).$$

Dann gilt

$$2m = a + b \text{ und } 2n = b + c$$

in den Ebenen, die (0, a, b) bzw. (0, b, c) enthalten. Die Relation (1) ist gleichwertig mit

$$\frac{1}{3}(2m + c) = \frac{1}{3}(a + 2n). \tag{2}$$

Nun ist für alle $x, y \in \Pi$ der Punkt $\frac{1}{3}(x + 2y)$ derjenige, der (x, y) im Verhältnis −2 teilt (in einer Ebene, die 0, x, y enthält).

Die Beziehung (2) ist nach einer wohlbekannten Eigenschaft (Schwerpunkt!) des Tripels (a, b, c) damit bestätigt.

b) Die durch 0 gehenden Geraden von **R** sind offensichtlich die vektoriellen Unterräume der Dimension 1. Jede Ebene E durch 0 hat die Vektorstruktur der zentrierten Ebene (E, 0), ist also ein Unterraum der Dimension 2 von (**R**, 0).

Es sei nun umgekehrt A ein vektorieller Unterraum der Dimension 2 von $(\mathbf{R}, 0)$. Ist dann (a_1, a_2) eine Basis von A, so ist die $0, a_1, a_2$ enthaltende zentrierte Ebene $(E, 0)$ ein vektorieller Unterraum von $\mathbf{R}$ der Dimension 2, also $A = E$.

92. Translationen

Definition 92.1. *Als Translation von* $\mathbf{R}$ *wird jede Abbildung* f *von* $\mathbf{R}$ *in* $\mathbf{R}$ *bezeichnet, bei der für alle* $x, y \in \mathbf{R}$ *die Figur* $(x, y, f(x), f(y))$ *ein Parallelogramm ist, d.h. bei der „Mitte von* $(x, f(y))$ = *Mitte von* $(y, f(x))$*" gilt.*

Satz 92.2. *Für alle* $a, b \in \mathbf{R}$ *gibt es genau eine Translation, die* a *in* b *überführt. In jedem zentrierten Raum* $(\mathbf{R}, 0)$ *ist diese Translation die Abbildung* $x \to x + (b - a)$.

Beweis. Gibt es eine Translation f, so daß $b = f(a)$ ist, so gilt für jedes x (in bezug auf die Operationen von $(\mathbf{R}, 0)$)

$$\frac{1}{2}(a + f(x)) = \frac{1}{2}(x + f(a)) = \frac{1}{2}(x + b),$$

woraus $f(x) = x + (b - a)$ folgt.

Umgekehrt ist sofort klar, daß die Abbildung f mit $x \to x + (b - a)$ eine Translation und daß $f(a) = b$ ist. Die Translationen von $\mathbf{R}$ bilden offenbar eine kommutative und einfach transitive Gruppe von Transformationen von $\mathbf{R}$, die für jede Wahl von 0 isomorph zur additiven Gruppe $(\mathbf{R}, 0)$ ist.

Satz 92.3. *Wir bezeichnen für alle* $a, b \in \mathbf{R}$ *durch* $\top$ *bzw.* $\bot$ *die Additionen in* $(\mathbf{R}, a)$ *und* $(\mathbf{R}, b)$*, durch* $\wedge$ *bzw.* $\vee$ *die Skalarmultiplikationen in diesen Räumen und durch* f *die Translation, die* a *in* b *überführt.*

Die Translation f *ist ein Isomorphismus von* $(\mathbf{R}, a)$ *auf* $(\mathbf{R}, b)$*, d.h. es gilt für alle* $x, y \in \mathbf{R}$ *und für jeden Skalar* λ $f(x \bot y) = f(x) \top f(y)$ *und* $f(\lambda \wedge x) = \lambda \vee f(x)$.

Die erste Relation ergibt sich z.B. daraus, daß $b = f(a)$ und daß f jedes Parallelogramm in ein Parallelogramm überführt, die zweite bestätigt man in einer Ebene, die $a, b, x, f(x)$ enthält.

Zusatz 92.4. *Die Translation* f *bildet jede Gerade (oder Ebene) durch* a *in eine Gerade (oder Ebene) durch* b *ab.*

In der Tat, da f ein Isomorphismus von $(\mathbf{R}, a)$ auf $(\mathbf{R}, b)$ ist, bewahrt f die Dimension der Unterräume.

93. Parallelismus

Definition 93.1. *Zwei Ebenen* E, E' *von* $\mathbf{R}$ *heißen parallel (geschrieben* $E \parallel E'$*), wenn eine Translation existiert, die* E *in* E' *überführt.*

Dies ist ein Sonderfall einer in jedem Vektorraum gültigen allgemeinen Definition.

Satz 93.2. $(E \parallel E') \Leftrightarrow$ *(Für jeden Punkt* $a \in E$ *und* $a' \in E'$ *gilt, daß die Translation, die* a *in* a' *überführt,* E *in* E' *überführt.) Das Entsprechende gilt für die Geraden.*

Beweis. Für die Geraden ist diese Eigenschaft schon von den Translationen in einer Ebene her bekannt.

Der Beweis für die Ebenen stimmt mit dem für irgendwelche affinen Unterräume eines Vektorraumes überein.

Zusatz 93.3. *Der Parallelismus ist auf der Menge* G *der Geraden und auf der Menge* E *der Ebenen eine Äquivalenzrelation.*

Daraus leitet man die Begriffe der Geraden- und der Ebenen-Richtungen her, die durch die Geraden und die Ebenen durch den gewählten Punkt 0 angegeben werden.

Zusatz 93.4. *Durch jeden Punkt* $x \in R$ *gibt es genau eine Ebene gegebener Richtung. (Entsprechendes gilt für die Geraden.)*

Definition 93.5. *Eine Gerade* G *heißt zu einer Ebene* E *parallel (geschrieben* $G \mid E$), *wenn* $G' \subset E'$ *ist; wobei mit* G' *und* E' *die Parallelen zu* G *und* E *durch einen Ursprung* 0 *bezeichnet werden.*

Diese Definition ist offenbar unabhängig vom Ursprung 0. Dieser Parallelismus ist eine binäre Relation zwischen G und E. Man muß sich davor hüten, ihr die Eigenschaften der Äquivalenzrelationen beizulegen. So folgt z.B. aus $(G \mid E$ und $G \mid E')$ nicht $(E \parallel E')$, ebenso folgt aus $(G \mid E$ und $G' \mid E)$ nicht $(G \parallel G')$.

Im Gegenteil, aus der Definition ergibt sich

$$(G \mid E, \; G \parallel G', \; E \parallel E') \Rightarrow (G' \mid E').$$

Andererseits ist für jeden Punkt $x \in R$ und jede Ebene E die Vereinigungsmenge der Geraden G durch x und parallel zu E die Ebene E' parallel zu E durch x.

Ebenso ist für jeden Punkt $x \in R$ und jede Gerade G der Durchschnitt der Ebenen E durch x und parallel zu G die Gerade G' parallel zu G durch x.

94. Folgerungen aus dem Dimensionsaxiom

Wir werden nun das Axiom V zur Bestimmung der Dimension von R verwenden, aber dieses so erhaltene Ergebnis nicht für eine metrische Untersuchung des Raumes benutzen. Die Betrachtung läßt sich daher auf alle affinen Räume übertragen.

Satz 94.1. *Unter Heranziehung der Axiome* I, II, III *ist das Axiom* V *jeder der folgenden Aussagen äquivalent:*

α) *Für irgendzwei verschiedene Ebenen* E *und* F *ist* $E \cap F = \phi$ *oder eine Gerade.*

β) *Für jeden Punkt* $0 \in R$ *ist der zentrierte Raum* $(R, 0)$ *ein Vektorraum der Dimension* 3.

Beweis. 1. Um die Äquivalenz der beiden Aussagen $\alpha)$ und $\beta)$ zu beweisen, darf man offenbar annehmen, daß die Ebenen E und F durch den Ursprung von $(\mathbf{R}, 0)$ gehen.

Wir bezeichnen durch $(E \cup F)$ den durch E und F erzeugten Unterraum von $(\mathbf{R}, 0)$ und durch $d\,(X)$ die Dimension irgendeines vektoriellen Unterraumes X von $(\mathbf{R}, 0)$.

Man weiß, daß

(1) $d\,(E \cup F) + d\,(E \cap F) = d\,(E) + d\,(F) = 2 + 2 = 4$

ist. Wenn die Aussage $\alpha)$ zutrifft, so zeigen wir, daß $d\,(\mathbf{R}) \leqslant 3$ ist; wenn sie nicht zutrifft, dann gibt es in $(\mathbf{R}, 0)$ vier linear unabhängige Vektoren e_1, e_2, f_1, f_2. Ist E die durch e_1, e_2 und F die durch f_1, f_2 erzeugte Ebene, so gilt $d\,(E \cup F) = 4$, nach der Relation (1) wäre dann $d\,(E \cap F) = 0$ entgegen der Aussage $\alpha)$. Da andererseits $\mathbf{R}$ wenigstens zwei verschiedene Ebenen enthält, ist seine Dimension $\geqslant 3$, also $d\,(\mathbf{R}) = 3$.

Umgekehrt: Ist die Aussage $\beta)$ richtig, so hat man $d\,(E \cup F) \leqslant 3$, woraus $d\,(E \cap F) \geqslant 1$ folgt, also fallen E und F zusammen oder sie schneiden sich in einer Geraden.

2. Die Aussage $\beta)$ zieht das Axiom V nach sich. In der Tat: Ist $\mathbf{R}$ von der Dimension 3, so stellt jede Ebene E die Menge der Lösungen einer Gleichung $f\,(x) = a$ dar, wobei f eine Linearform und a ein Skalar ist. Die zu E gehörigen Halbräume $\mathbf{R}_1, \mathbf{R}_2$ sind die Mengen, die durch $f\,(x) < a$ bzw. durch $f\,(x) > a$ definiert sind.

3. Wir zeigen nun noch, daß aus dem Axiom V die Aussage $\alpha)$ oder $\beta)$ folgt. Wir verwenden die Bezeichnungen des Axioms V.

a) Algebraischer Beweis. Wir dürfen annehmen, daß E durch 0 verläuft. Es sei nun S ein Hilfsunterraum von E, ferner setzen wir $A_i = F \cap \mathbf{R}_i$ $(i = 1,2)$.

Offensichtlich sind $\mathbf{R}_1$ und $\mathbf{R}_2$ Vereinigungen von zu E parallelen Ebenen, also sind A_1 und A_2 die Projektionen von $\mathbf{R}_1$ und $\mathbf{R}_2$ auf S parallel zu E. Andererseits bilden A_1 und A_2 eine Einteilung von $S \doteq \{0\}$ und es gilt

$$(x_1 \in A_1, x_2 \in A_2) \Rightarrow (0 \in [x_1, x_2]).$$

Daraus folgt sogleich, daß S eine Gerade ist, was $d\,(\mathbf{R}) = 3$ ergibt.

b) Elementarer Beweis nur mit Hilfe der Axiome I, II.

$b_1)$ Es sei E irgendeine Ebene und $(\mathbf{R}_1, \mathbf{R}_2)$ die zu E gehörige Einteilung von $(\mathbf{R} \doteq E)$. Wir zeigen, daß jede Schnittgerade A von E auch $\mathbf{R}_1$ und $\mathbf{R}_2$ trifft.

Wir setzen $a = A \cap E$. Der Punkt b sei ein von a verschiedener Punkt von A. Wir nehmen $b \in \mathbf{R}_1$ an.

Ist c irgendein Punkt von $\mathbf{R}_2$, so ist die Behauptung bewiesen, falls $c \in A$. Ist Letzteres nicht der Fall, so trifft die Ebene E', die A und c enthält, E in $[b, c] \cap E$, verschieden von a, also in einer Geraden B (Bild 13).

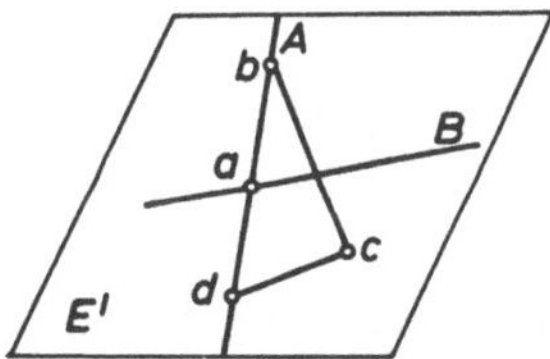

Bild 13. Zum Beweis von Satz 94.1

Es sei d ein in der Ebene E' gelegener Punkt von A, der in bezug auf B auf derselben Seite von c liegt. Da [c, d] die Gerade B nicht trifft, trifft sie E nicht mehr, also $d \in R_2$.

b_2) Es seien E, F nun zwei verschiedene Ebenen, für die $a \in E \cap F$ ist.

Es seien ferner A_1, A_2 zwei verschiedene durch a gehende Geraden von F. Liegt eine von ihnen in E, ist die Sache erledigt. Falls nicht, so enthält A_1 einen Punkt $x_1 \in R_1$ und A_2 einen Punkt $x_2 \in R_2$. Die Strecke $[x_1, x_2]$ trifft E in einem von a verschiedenen Punkt a'. Die Gerade $\Gamma(a, a')$ ist die gesuchte.

Zusatz 94.2. *Da das Axiom V bestätigt ist, so ist die Bedingung der Parallelität* $(E \parallel E')$ *äquivalent mit* $(E = E'$ *oder* $E \cap E' = \phi)$.

C. Metrische Struktur des Raumes

Wir werden nun die Folgerungen aus den Axiomen I, II, III, IV ziehen. Wie bei dem Studium der Affinstruktur von **R** werden wir uns besonders der metrischen Struktur der Ebenen von **R** bedienen. Wir werden dabei der bekannten Tatsache begegnen, daß sich die Mehrzahl der metrischen Eigenschaften eines mit einem Skalarprodukt ausgestatteten Vektorraumes in einfacher Weise aus den metrischen Eigenschaften ihrer affinen Unterräume der Dimension 2 herleiten.

95. Translationen und Senkrechtstehen

Satz 95.1. *Jede Translation von* **R** *ist eine Isometrie.*

Beweis. In der Tat: Für jede Translation f und für alle Punkte x, y $\in$ **R** sind die Punkte x, y, f (x), f (y) komplanar, in jeder Ebene ist aber die Translation eine Isometrie.

Zusatz 95.2. *Jede Translation von* **R** *ändert das Senkrechtstehen (von zwei sich schneidende Geraden) nicht.*

Beweis wie der des Zusatzes 44.4. Daraus leitet man einen neuen Begriff her:

Definition 95.3. *Zwei Geraden A und B von* **R** *(schneidend oder windschief) heißen senkrecht, wenn ihre beiden Parallelen durch einen Punkt senkrecht zueinander sind.*

Diese Definition hängt nach dem eben genannten Zusatz nicht vom gewählten Punkt a ab.

96. Das skalare Produkt

Definition 96.1 *(des skalaren Produktes). In dem zentrierten Raum* $(\mathbf{R}, 0)$ *nennt man skalares Produkt die Abbildung* $(x, y) \to x \cdot y$ *von* $\mathbf{R} \times \mathbf{R}$ *in die Menge* R *der reellen Zahlen, die so definiert ist:*

a) *Wenn* 0, x, y *nicht in einer Geraden liegen, so ist* $x \cdot y$ *das skalare Produkt der Vektoren* x, y *der zentrierten Ebene* $(E, 0)$, *die* 0, x, y *enthält.*

b) *Liegen* 0, x, y *in einer Geraden, fallen aber nicht alle in* 0 *zusammen, so ist* $x \cdot y$ *das skalare Produkt der Vektoren* x, y *der zentrierten Geraden* $(G, 0)$, *die* 0, x, y *enthält.*

c) *Ist* $x = y = 0$, *so ist* $x \cdot y = 0$.

Satz 96.2. *Im ganzen zentrierten Raum* $(\mathbf{R}, 0)$ *ist die Abbildung* $(x, y) \to x \cdot y$ *symmetrisch, bilinear und positiv in dem Sinne, daß* $x \cdot x > 0$ *für jedes* $x \neq 0$ *gilt. Überdies ist* $d^2(x, y) = (x - y)^2$ *für alle* x, y.

Beweis. Die Relationen $x \cdot y = y \cdot x$; $(\lambda x) \cdot y = \lambda(x \cdot x)$ und $x \cdot x > 0$ für $x = 0$ sind evident. Das Gleiche gilt für die Relation $d^2(0, x) = x^2$. Danach gilt gemäß Satz 95.1 für alle x, y

$$d^2(x, y) = (x - y)^2.$$

Es bleibt zu beweisen, daß für alle x, y, z

$$(1) \quad x \cdot (y + z) = x \cdot y + x \cdot z$$

ist. Diese Relation gilt in jeder zentrierten Ebene $(E, 0)$, also für alle x, y, z, für die 0, x, y, z komplanar sind. Insbesondere hat man für alle b, c

$$(b + c)^2 = b(b + c) + c(b + c) = b^2 + 2b \cdot c + c^2.$$

Um (1) im allgemeinen Fall zu beweisen, setzen wir die Mitte von (y, z) gleich $m = \frac{1}{2}(y + z)$ (Bild 14).

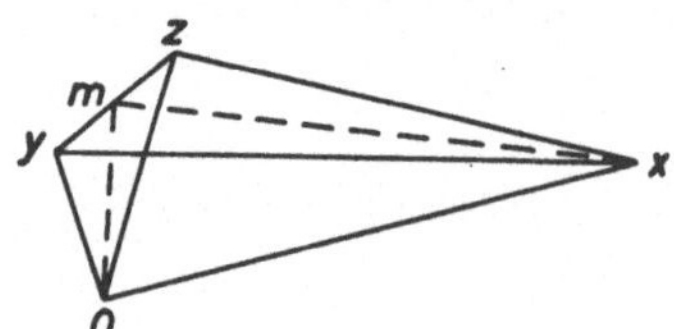

Bild 14. Zum Beweis von $x \cdot (y + z) = x \cdot y + x \cdot z$

Die Tripel $(0, y, z)$ und (x, y, z) sind eben, daher gilt (Formel für die Seitenhalbierende)

$$y^2 + z^2 = 2m^2 + 2(m - y)^2$$
$$(y - x)^2 + (z - x)^2 = 2(m - x)^2 + (m - y)^2,$$

woraus durch Substraktion der beiden Gleichungen

$$2 \, x \cdot y + 2 \, x \cdot z = 4 \, x \cdot m = 2x \, (y + z)$$

und damit die gesuchte Beziehung folgt.

Das Produkt $x \cdot y$ besitzt also alle Eigenschaften eines skalaren Produktes mit allen Folgerungen, die im Kap. III entwickelt worden sind.

Zusammenfassend lassen uns die Axiome I, II, III, IV den folgenden Satz beweisen.

Theorem 96.3. *Für jeden Punkt* $0 \in \mathbf{R}$ *kann man auf* $\mathbf{R}$ *in genau einer Weise eine Struktur eines mit einem skalaren Produkt ausgestatteten Vektorraumes mit dem Ursprung* 0 *definieren, dessen affine Abarten von der Dimension 1 und 2 die Geraden und Ebenen von* $\mathbf{R}$ *sind, und bei dem die zum skalaren Produkt gehörige Entfernung identisch mit der auf* $\mathbf{R}$ *gegebenen Entfernung (Distanz) ist.*

97. Anwendung auf zwei klassische Theoreme

Die meisten der üblicherweise im Unterricht behandelten geometrischen Eigenschaften des Raumes sind leicht zu beweisen, wenn man die von uns dargestellten algebraischen Hilfsmittel verwendet. Davon nun zwei Beispiele.

1. Wir sagen, daß eine Gerade G senkrecht zu einer Ebene E ist (Bezeichnung G $\perp$ E), wenn G senkrecht zu jeder Geraden von E ist.

Satz 97.1. *Es seien* A, B *zwei nicht parallele Geraden einer Ebene* E *und* C *eine Gerade.*

$$(C \perp A \text{ und } C \perp B) \Rightarrow (C \perp E)$$

Beweis. Durch Translation kann dies auf den Fall zurückgeführt werden, daß E, A, B, C durch einen Punkt 0 gehen. Es seien nun

$$a \in A, b \in B, c \in C \text{ mit } a, b, c \neq 0.$$

Jeder Punkt $x \in E$ schreibt sich $x = \lambda a + \mu b$. Nun gilt nach Voraussetzung in $(\mathbf{R}, 0)$

$$c \cdot a = 0 \text{ und } c \cdot b = 0, \text{ also}$$

$$c \cdot x = c \, (\lambda a + \mu b) = \lambda (c \cdot a) + \mu (c \cdot b) = 0,$$

d.h. C $\perp$ E.

Einer der klassischen Sätze ist „der Satz von den drei Senkrechten". Mit etwas Algebra läßt sich dieser Satz auf eine evidente Relation zurückführen.

Wir setzen die Definition der Projektion eines Punktes x auf eine Ebene oder eine Gerade als bekannt voraus (Fußpunkt des Lotes von x auf diese Ebene oder diese Gerade; für ihn wird die Entfernung ein Minimum).

Satz 97.2. *Vorausgesetzt wird eine Ebene* $E \subset R$, *eine Gerade* $G \subset E$, $a \in R$ *und* p *als Projektion von* a *auf* E.

Dann fallen die Projektionen von p *auf* G *und von* a *auf* G *zusammen.*
Beweis. Für jedes $x \in G$ gilt (Bild 15)

$$d^2 (a, x) = d^2 (a, p) + d^2 (p, x).$$

Dann wird danach d (a, x) zu gleicher Zeit ein Minimum wie d (p, x), woraus die Identität der Projektionen folgt.

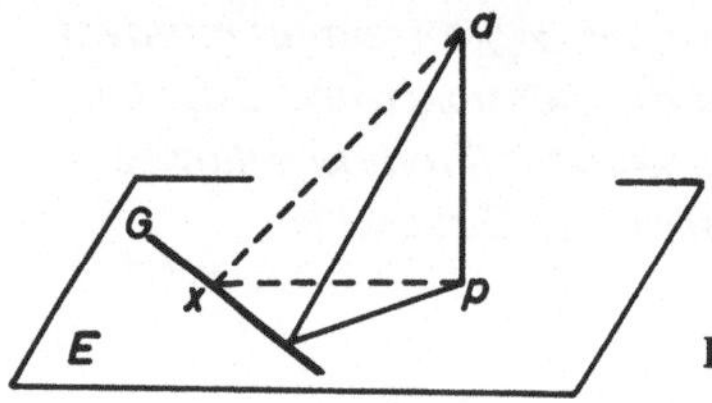

Bild 15. Satz 97.2 von den drei senkrechten Projektionen

Diese vereinfachte Form legt eine Verallgemeinerung nahe, bei der **R** irgendein Raum endlicher Dimension ist, E ein affiner Unterraum von **R** und G ein affiner Unterraum von E. Allgemeiner könnte man G durch irgendeine abgeschlossene Untermenge von E ersetzen.

98. Einige Themen

Wir beenden die Betrachtungen des Raumes mit dem Hinweis auf einige Themen, die mit den uns nun zur Verfügung stehenden algebraischen Hilfsmitteln im Unterricht behandelt werden könnten.

1. Affinstruktur. Betrachtung der affinen Transformationen von **R** (insbesondere der Gruppe der Dilatationen), der Schrägprojektionen, der linearen Formen
Studium der konvexen Mengen
Kegel und Zylinder (in Zusammenhang mit der Gruppe der zentrischen Streckungen mit dem Zentrum 0 und der Gruppe der Translationen).

2. Metrische Struktur
Senkrechte Projektion (sie vermindert die Distanzen).
Symmetrie in bezug auf eine Ebene, eine Gerade, einen Punkt.
Isometrien des Raumes; Drehungen um eine Achse; stabile Mengen in bezug auf einige Isometrie-Gruppen oder die Gruppe der ähnlichen Abbildungen; Kegel, Zylinder, Kugel.

Übungen zum Kapitel IX

1. Es sei (G_i) irgendeine Geradenfamilie, bei der sich stets irgendzwei Geraden schneiden.

Dann ist zu zeigen, daß entweder alle Geraden durch einen Punkt gehen oder daß sie alle in einer Ebene enthalten sind.

2. Was wird aus diesen Behauptungen, wenn man nur weiß, daß irgendzwei dieser Geraden komplanar sind?

3. E und E′ seien zwei verschiedene Ebenen, ferner sei (a_i) $(i = 1, 2, 3)$ bzw. (a_i') ein Tripel von verschiedenen Punkten von E bzw. E′.

Es wird behauptet: Schneidet jede Gerade $\Gamma(a_i, a_j)$ mit $i \neq j$ jede Gerade $\Gamma(a_i', a_j')$, und sind die Geraden $\Gamma(a_i, a_i')$ parallel oder zusammenlaufend, so liegen die drei Punkte $\Gamma(a_i, a_j) \cap \Gamma(a_i', a_j')$ auf einer Geraden.

4. Es seien A_1, A_2, A_3 drei Ebenen und a_1, a_2, a_3 drei Punkte des dreidimensionalen Raumes R. Bestimme die Menge der zentrischen Streckungen f, für die $f(a_i) \in A_i$ $(i = 1, 2, 3)$ ist.

5. Es sei G eine Gerade des Vektorraumes V, ferner X eine Teilmenge von V und k eine Zahl $\neq 0$.

Woraus besteht die Menge der Zentren der zentrischen Streckungen f im Maßstab k, so daß f(G) die Menge X schneidet? Die gleiche Frage für eine Ebene E anstatt der Geraden G und für irgendeine Teilmenge Y von R.

6. Es sind die Übungen 3 und 4 des Kap. IV auf den Raum zu übertragen, einmal direkt und dann, indem man die Geraden durch Ebenen ersetzt.

7. Es sei R der dreidimensionale Raum, G eine Gerade von R und $0 \in R$.

Es sollen die Teilmengen von R bestimmt werden, die sowohl in bezug auf die Drehungen um G wie auch in bezug auf die positiven Streckungen mit dem Zentrum 0 stabil sind. Man wird dabei die Fälle $0 \in G$ und $0 \notin G$ unterscheiden.

Dieselbe Aufgabe, wobei die Streckungen mit dem Zentrum 0 durch die Translationen in Richtung δ ersetzt sind.

8. Es sei G eine Gerade des Raumes. Man bezeichnet als Schraubung mit der Achse G jedes Produkt f von Verschiebungen parallel zu G mit einer geraden Anzahl von Spiegelungen an Ebenen, die G enthalten.

Es ist zu zeigen, daß die Menge dieser f eine Gruppe isomorph zur Produkt-Gruppe T $\times$ R ist.

9. Es seien f, g zwei Schraubungen mit den Achsen A, B. Dann sind f $\circ$ g und g $\circ$ f zwei Schraubungen, deren Achsen symmetrisch in bezug auf die gemeinsame Senkrechte von A, B liegen.

10. Als Zahlenmaß (in Radiant gemessen) des Paares (A, B) von Halbgeraden mit demselben Ursprung im Raum R bezeichnet man den Zahlenwert p (A, B) des Winkels $\sphericalangle$ AB in einer Ebene, die A und B enthält (gibt es nicht genau eine Ebene, so ist dieses Maß offenbar 0 oder π). Dann gilt: Sind (A, B) und (A$'$, B$'$) irgendzwei Paare, so ist die Beziehung p (A, B) = p (A$'$, B$'$) gleichwertig mit der Behauptung, daß eine Isometrie von R existiert, die (A, B) in (A$'$, B$'$) überführt. Unter diesen Isometrien befindet sich immer eine paarige und eine unpaarige.

X. Anhang

Anhang A. Axiomatik auf metrischer Basis

Die in den vorigen Kapiteln entwickelte Axiomatik stützt sich auf eine vektorielle
Basis; die Metrik kommt erst nach der Untersuchung der vektoriellen Struktur der
Ebene hinein. Gewisse Lehrer halten die metrischen Begriffe für den jungen Schüler
anschaulicher und verständlicher als die vektoriellen. In der Tat ist bisher noch kein
regulären Unterricht vom Vektoriellen ausgehend aufgebaut worden, und erst ein
langes Ausprobieren der verschiedenen Methoden könnte richtige Rückschlüsse
erlauben.

Jedenfalls dürfte es sich als vorteilhaft erweisen, die Entwicklung der Geometrie
mit den metrischen Axiomen zu beginnen. Ich schlage daher hier eine Variante
der ersten Axiomatik vor, die auf ein Spiegelungsaxiom gegründet ist, das die
mathematische Formulierung des Faltens eines Blattes Papier um eine Gerade darstellt.

99. Erste Axiome

Die Axiome teilen wir wieder in vier Gruppen:
Die Axiome I' und II' sind identisch mit den Axiomen I und II des Kapitels I.

Das Axiom III' besteht aus dem Axiom IIIa des Kapitels II, vermehrt um die Dreiecksungleichung. Es setzt offenbar den Körper R als bekannt voraus. In der Tat
wird die folgende Entwicklung zeigen, daß man schon sehr weit kommt, wenn
man nur die Struktur der additiven total geordneten Gruppe von R benutzt.

Axiom III'. *Der Ebene* Π *ist eine Abbildung* d *von* $\Pi \times \Pi$ *in* R_+ *zugeordnet,
Distanz genannt, so daß*

a) $d(y, x) = d(x, y)$ *für alle* $x, y \in \Pi$
b) *Für jede orientierte Gerade* G, *jeden Punkt* $x \in G$ *und jede Zahl* $l \geqslant 0$ *gibt es in*
G *einen einzigen Punkt* y, *so daß* $x \leqslant y$ *und* $d(x, y) = l$.
c) $(x \in [a, b]) \Rightarrow (d(a, x) + d(x, b) = d(a, b))$
d) *Für jedes nicht in einer Geraden liegende Tripel* $\{a, x, b\}$ *gilt*

$$d(a, b) < d(a, x) + d(x, b) \quad \text{(Strikte Dreiecksungleichung)}.$$

Unmittelbare Folgerungen aus den Axiomen I', II', III'

1. Es ergeben sich offenbar wieder die Folgerungen aus dem Axiom IIIa, die im
Satz 9.1 zusammengefaßt sind, nach dem jede mit einem Ursprung versehene orientierte Gerade mit der Zahlengeraden R identifiziert werden kann.

2. Für irgend drei Punkte a, x, b von Π gilt

$$d(a, b) \leqslant d(a, x) + d(x, b).$$

Die Gleichheit gilt nur für $x \in [a, b]$.

3. Ist $X \subset \Pi$ und f eine Abbildung von X in Π, so heißt f eine Isometrie, wenn

$$(a, b \in X) \Rightarrow (d(a, b) = d(f(a), f(b))).$$

Nach der Bemerkung 2 läßt jede Isometrie die Beziehungen „kollinear" und „zwischen" invariant. Daraus folgt, daß sie jede Strecke in eine Strecke, jede Gerade in eine Gerade, zwei parallele Geraden in zwei parallele Geraden und jede Halbebene in eine Halbebene überführt. Jede Isometrie von Π in Π ist eine Isometrie *auf* Π, und es ist für die durch die Axiome I', II', III' definierte Struktur eine Isometrie.

Übung

Es seien A_1 und A_2 zwei begrenzte konvexe Vielecke mit $A_1 \subset A_2$. Sind l_1 und l_2 die Längen der Umfänge von A_1 bzw. A_2, so gilt $l_1 \leqslant l_2$, wobei für verschiedene A_1, A_2 die Ungleichung strikt gilt.

Diese Eigenschaft erlaubt es, leicht die Länge des Umfanges von begrenzten konvexen Mengen zu definieren.

100. Spiegelungsaxiom

Um das letzte Axiom bequem aussprechen zu können, bezeichnen wir mit $\Pi_1(G)$ und $\Pi_2(G)$ die offenen Halbebenen, die durch eine Gerade G definiert sind und als Spiegelung an G jede Isometrie φ von $G \cup \Pi_1(G)$ auf $G \cup \Pi_2(G)$, so daß $\varphi(x) = x$ für jedes $x \in G$ gilt.

Axiom IV'. *Zu jeder Geraden G gibt es wengistens eine Spiegelung an G.*

Die Einzigkeit der Spiegelung nehmen wir nicht in das Axiom hinein, da sie sehr einfach bewiesen werden kann.

101. Spiegelung an einer Geraden

Hilfssatz 101.1. *Zu jeder Geraden G gibt es genau eine Spiegelung an G.*

Es seien $\Pi_1(G)$ und $\Pi_2(G)$ die durch G definierten offenen Halbebenen, φ eine Spiegelung an G, ferner $a \in \Pi_1(G)$ und $a' = \varphi(a)$. Die Strecke $[a, a']$ trifft G in einem Punkt p. Jeder Punkt x von G und verschieden von p liegt außerhalb $[a, a']$, also

$$d(a, a') < d(a, x) + d(x, a') = 2\,d(a, x).$$

Nun ist $d(a, a') = 2\,d(a, p)$, woraus $d(a, p) < d(a, x)$ folgt.

Der Punkt p besitzt unabhängig von der Wahl von φ die Eigenschaft, der dem Punkt a am nächsten gelegene Punkt von G zu sein. Man wird p als die *Orthogonalprojektion,* kurz die *Projektion* von a auf G bezeichnen. Diese Projektion ist die Mitte von a, a', also ist der zu a in bezug auf p symmetrische Punkt a' der Geraden, die a und p enthält, unabhängig von φ, d.h. es gibt nur eine einzige Spiegelung φ.

Wir bezeichnen nun mit $\overline{\varphi}$ die so definierte Erweiterung von φ auf Π:

$$\overline{\varphi}(x) = \varphi(x) \text{ für jedes } x \in G \cup \Pi_1(G)$$

$$\overline{\varphi}(x) = \varphi^{-1}(x) \text{ für jedes } x \in \Pi_2(G).$$

Hilfssatz 101.2. *Die Erweiterung $\overline{\varphi}$ von φ ist eine Isometrie von Π auf Π. Man wird diese Isometrie die Spiegelung an G nennen.*

Unmittelbar ergibt sich, daß φ eine Abbildung von Π auf Π ist. Es seien nun a, b $\in \Pi$.

Ist a, b $\in G \cup \Pi_1(G)$, so gilt $d(\overline{\varphi}(a), \overline{\varphi}(b)) = d(a, b)$, da $\overline{\varphi} = \varphi$ auf $\{a, b\}$. Das Gleiche schließt man für a, b $\in G \cup \Pi_2(G)$.

Wir nehmen nun an, daß a $\in \Pi_1(G)$ und b $\in \Pi_2(G)$. Es sei x = $G \cap [a, b]$ und a' = $\overline{\varphi}(a)$, b' = $\overline{\varphi}(b)$.

Dann ergibt sich

$$d(x, a) = d(x, a'), d(x, b) = d(x, b'),$$

also

$$d(a', b') \leqslant d(a', x) + d(x, b') = d(a, x) + d(x, b) = d(a, b),$$

d.h.

$$d(a', b') \leqslant d(a, b).$$

Nun erhält man in analoger Weise $d(a, b) \leqslant d(a', b')$, woraus sich die gewünschte Gleichheit $d(a, b) = d(a', b')$ ergibt.

102. Senkrechte und Projektionen

Definition 102.1. *Eine Gerade G' heißt senkrecht zu G (geschrieben $G' \perp G$), wenn $G' \neq G$ ist und G' mit ihrem Spiegelbild in bezug auf G identisch ist.*

Nach dem Hilfssatz 102.4 wird sich diese Beziehung als symmetrisch erweisen. Unmittelbar ist klar, daß es durch jeden Punkt x nur genau eine einzige Senkrechte zu G gibt, es ist die Verbindungsgerade von x mit dem zu x in bezug auf G symmetrischen Punkt x'.

Hilfssatz 102.2. a) *Ist $G' \perp G$, so schneiden sich diese Geraden.*

b) *Sind G und G' zwei Geraden, die sich in p schneiden, so gilt*

$$(G' \perp G) \Leftrightarrow \text{(Jeder Punkt von } G' \text{ projiziert sich in } p \text{ auf } G) \Leftrightarrow$$
(Es gibt einen von p verschiedenen Punkt auf G', der sich in p auf G projiziert).

Beweis. **a)** Die Gerade G' enthält wenigstens zwei verschiedene Punkte x_1 und x_2, die in bezug auf G symmetrisch sind, also schneidet $[x_1, x_2]$ die Gerade G.

b) Wir nehmen $G' \perp G$ und $x \in G'$ an. Das Spiegelbild x' von x in bezug auf G liegt in G'. Der Punkt $G \cap [x, x']$, d.h. die Projektion von x auf G, ist also der Punkt p.

Umgekehrt: Schneiden sich G und G' in p, ist x ein von p verschiedener Punkt von G' und p daher seine Projektion auf G und x' das Spiegelbild von x in bezug auf G, so schneidet die Strecke $[x, x']$ die Gerade G in p. Also enthält die Gerade G', auf der die verschiedenen Punkte x, p liegen, den Punkt x', d.h. $G' \perp G$.

Zusatz 102.3. *Es sei $G' \perp G$ und f eine Isometrie von $G' \cup G$, dann ist $f(G') \perp f(G)$.*

Nach dem eben bewiesenen Hilfssatz folgt dies daraus, daß sich das Senkrechtstehen in Distanzausdrücken angeben läßt.

Hilfssatz 102.4. *Aus $G' \perp G$ folgt $G \perp G'$.*

Beweis. Es sei $G' \perp G$ und p der Schnitt der beiden Geraden. Ferner sei $x \in G$; dann gilt für jeden von p verschiedenen Punkt x' von G' die Beziehung $d(x, x') = d(x, x'')$, wenn x'' das Spiegelbild von x' in bezug auf G bezeichnet.

Also kann x' nicht in Projektion von x auf G' sein (Einzigkeit des Minimus). Diese Projektion ist daher p, woraus nach dem Hilfssatz 102.2 $G \perp G'$ folgt.

Hilfssatz 102.5. *Es sei $G \perp G'$. Dann gilt $(G \perp G'') \Leftrightarrow (G' \parallel G'')$.*

Beweis. **a)** Es sei $G \perp G'$ und $G' \parallel G''$.

Die Geraden G, G'' schneiden sich in einem Punkt p. Die Spiegelbilder G' und G_1'' der Parallelen G' und G'' in bezug auf G sind parallel (Folgerung 3 aus den Axiomen III'), also sind G'' und G_1'' parallel und gehen durch p. Daraus folgt $G'' = G_1''$ und schließlich $G \perp G''$.

b) Es sei $G \perp G'$ und $G \perp G''$.

x sei ein Punkt von G'' außerhalb von G. Dann ist, wie wir soeben gesehen haben, die Parallele durch x zu G' senkrecht zu G. Sie ist daher identisch mit G', weil es von einem Punkt außerhalb von G nur eine einzige Senkrechte auf G gibt. Mit anderen Worten, es gilt $G' \parallel G''$.

102.6. Folgerungen

Wir bezeichnen zwei Richtungen δ_1, δ_2 als senkrecht, wenn es zwei senkrechte Geraden mit den Richtungen δ_1, δ_2 gibt. Nach den Hilfssätzen 102.4 und 102.5 gilt:

1. Diese Relation ist symmetrisch, antireflexiv (es gilt niemals $\delta \perp \delta$), und zu jeder Richtung gibt es genau eine senkrechte Richtung.

2. Damit zwei Geraden senkrecht sind, ist es notwendig und hinreichend, daß ihre Richtungen es sind.

Bemerkung. Daraus folgt, daß die Abbildung, die jedem $x \in \Pi$ seine Orthogonalprojektion auf eine Gerade G zuordnet, nichts anders ist als die Parallelprojektion auf G in der zu G senkrechten Richtung.

Definition 102.7. a, b *seien zwei verschiedene Punkte, ihr Mittelpunkt 0. Als Mittelsenkrechte* (a, b) *wird die Senkrechte zur Geraden* G (a, b) *durch 0 bezeichnet.*

Hilfssatz 102.8. *Es seien* a, b *zwei verschiedene Punkte, und es sei G ihre Mittelsenkrechte, ferner seien* Π_a, Π_b *die durch G definierten Halbebenen, die a bzw. b enthalten. Dann gilt:*

$$(x \in G) \Rightarrow (d\,(x, a) = d\,(x, b))$$
$$(x \in \Pi_a) \Rightarrow (d\,(x, a) < d\,(x, b)); \qquad (x \in \Pi_b) \Rightarrow (d\,(x, b) < d\,(x, a)).$$

Beweis. Da a, b in bezug auf G symmetrisch liegen, gilt

$$(x \in G) \Rightarrow (d\,(x, a) = d\,(x, b)).$$

Es sei $x \in \Pi_a$. Wir setzen $y = G \cap [x, b]$. Da $y \notin [a, x]$ wegen der Konvexität von Π_a, so gilt

$$d\,(x, a) < d\,(x, y) + d\,(y, a) = d\,(x, y) + d\,(y, b) = d\,(x, b).$$

In der gleichen Weise geht man für $x \in \Pi_b$ vor.

Zusatz 102.9. $(x \in G) \Leftrightarrow (d\,(x, a) = d\,(x, b))$

Zusatz 102.10. *(Vergleich von Schrägstrecken.) Es sei p die Projektion von x auf die Gerade durch* a *und* b. *Dann ist die Ordnungsrelation zwischen* d (p, a) *und* d (p, b) *dieselbe wie die zwischen* d (x, a) *und* d (x, b).

Beweis. Je nachdem $d\,(p, a) - d\,(p, b)$ null, strikt negativ oder strikt positiv ist, gehört der Punkt x zu G, Π_a oder Π_b.

Man drückt dies auch so aus: Die Länge einer „Schrägverbindung" ist eine strikt wachsende Funktion der Länge ihrer Projektion. Diese Aussage wird durch den Satz des Pythagoras zahlenmäßig genau erfaßt.

Zusatz 102.11. *Es sei* (0, a, b) *ein Dreieck mit* d (0, a) = d (0, b) *und* a ≠ b. *Dann ist die Projektion von* 0 *auf die Gerade durch* a *und* b *der Mittelpunkt von* (a, b).

Dies ist eine unmittelbare, aber sehr wichtige Folgerung aus dem Zusatz 102.10. Wir können ihn auch so formulieren:

In einem gleichschenkligen Dreieck mit der Spitze 0 ist die Höhe durch 0 die *Symmetrieachse* des Dreiecks.

103. Punktspiegelung und Produkt von Spiegelungen

Definition 103.1. *Als Punktspiegelung in bezug auf einen Punkt* 0 *von* Π *bezeichnet man die Abbildung* f *von* Π *auf* Π, *die so definiert ist:*
f (0) = 0 *und* f (x) = x' *für* x ≠ 0, *wobei* x' *der Punkt der Geraden* Γ (0, x) *ist, für den* 0 *die Mitte von* (x, f (x)) *ist.*

Daraus folgt unmittelbar, daß f^2 die Identität ist und daß f (G) = G für jede durch 0 gehende Gerade G ist.

Theorem 103.2. *Die Spiegelung an einem Punkt* 0 *ist identisch mit dem Produkt von zwei Spiegelungen an zwei beliebigen senkrechten Geraden durch* 0.

Beweis. Es seien G_1, G_2 zwei senkrechte Geraden durch 0, ferner sei x ∉ ($G_1 \cup G_2$).

Bezeichnen wir mit H_1, H_2 die Parallelen zu G_1, G_2 durch x, mit H_i' das Spiegelbild von H_i in bezug auf G_i (i = 1, 2), so ist offenbar H_i' parallel zu H_i (i = 1, 2).

Das aus den beiden Parallelenpaaren H_1, H_1' und H_2, H_2' gebildete Rechteck ist in bezug auf die Geraden G_1 und G_2 symmetrisch, das Gleiche gilt für seine beiden Diagonalen. Letztere schneiden sich daher in einem Punkt, der auf G_1 und G_2 gelegen ist, also in 0, und dies ist ihr Mittelpunkt. Also ist das Spiegelbild von x in bezug auf 0 die zu x entgegengesetzte Ecke dieses Rechtecks, und man gelangt zu diesem Punkt durch das Produkt der Spiegelungen an G_1 und dann an G_2.

Ist x ∈ $G_1 \cup G_2$, so ergibt sich das Gleiche unmittelbar.

Zusatz 103.3. *Die Spiegelung an einem Punkt ist eine Isometrie. Sie führt jede Gerade in eine parallele Gerade über.*

(Man betrachte zum Beweis den Fall, daß G durch 0 geht, dann den anderen Fall.)

Anwendung 103.4. Als Parallelogramm bezeichnen wir jedes Viereck (a, b, a', b'), dessen Paare von Diagonalpunkten (a, a') und (b, b') denselben Mittelpunkt haben.

Nach dem letzten Zusatz ist die Aussage, daß vier nicht in einer Geraden liegende Punkte a, b, a', b' ein Parallelogramm bilden, gleichwertig mit der anderen Aussage, daß die Ecken paarweise voneinander verschieden sind und daß

$$G (a, b) \parallel G (a', b') \text{ mit } G (a, b') \parallel G (a', b).$$

Andererseits besitzt jedes Parallelogramm den gemeinsamen Mittelpunkt der Diagonalen als Symmetriezentrum, also sind zwei Gegenseiten jeweils gleich.

Hilfssatz 103.5. *G, G′ und A seien drei parallele Geraden.*

a) *Ist G′ das Spiegelbild von G in bezug auf A, so trifft jede schneidende Gerade die drei Parallelen in drei Punkten x, x′, a, so daß a der Mittelpunkt von (x, x′) ist.*

b) *Umgekehrt: Gibt es eine schneidende Gerade mit dieser Eigenschaft, so ist G′ das Spiegelbild von G in bezug auf A.*

Beweis. **a)** Es seien G, G′ zwei in bezug auf A symmetrischen Geraden und x, x′, a ihre Schnittpunkte mit einer Geraden. B sei die Senkrechte zu A durch a. Das Produkt der Spiegelungen an A, dann an B führt G in G′ über. Also sind nach dem Theorem 103.2 diese Geraden symmetrisch zu a, dieser Punkt ist daher der Mittelpunkt von (x, x′).

b) a sei der Mittelpunkt von (x, x′) und G′ das Spiegelbild von G in bezug auf a. Nun liegt G symmetrisch in bezug auf B. Nach dem Theorem 103.2 und seinem Zusatz ist das Spiegelbild von G in bezug auf A identisch mit seinem Spiegelbild in bezug auf a, es ist also G′.

Theorem 103.6. *(Schwache Form des Satzes von Thales)*). Werden drei Parallelen G, G′, A von einer Geraden so in drei Punkten x, x′, a geschnitten, daß a die Mitte von (x, x′) ist, so gilt dies für jede schneidende Gerade (d.h. G und G′ sind in bezug auf jeden Punkt a von A symmetrisch).*

Das Theorem ist eine unmittelbare Folgerung des Hilfssatzes 103.5.

Zusatz 103.7. *Jede Strecke (jedes Intervall) kann auf genau eine einzige Art in n aufeinanderfolgende gleiche Strecken zerlegt werden (n natürliche Zahl ≥ 2).*

(Die klassische Konstruktion verwendet eine passende Folge von Parallelen durch äquidistante Punkte einer Hilfsgeraden.) Dieser Zusatz ist offenbar nur dann von Interesse, wenn man nur wenige Eigenschaften von R als bekannt ansieht, z.B. nur die, daß R eine total geordnete kommutative Gruppe ist.

104. Schema der Weiterentwicklung

Das Theorem 103.6 spricht dieselbe Eigenschaft wie das Axiom IIIb aus. Wir verfügen also nun über die Axiome I, II, III und können die affine Geometrie von II nach Kapitel II entwickeln.

Andererseits führt die Definition 102.1 eine Senkrechtbeziehung ein und die Hilfssätze 102.2, 4, 5 zeigen, daß diese Beziehung das Axiom IVa bestätigt. Man kann nun den Projektionsmaßstab von zwei Halbgeraden mit gleichem Ursprung wie in Nr. 33 definieren, und dieser Projektionsmaßstab bestätigt das Axiom IVb:

---

*) Mit dem Satz des Thales wird im Französischen der (erste) Strahlensatz bezeichnet.

In der Tat, liegen die Halbgeraden A_1 und A_2 mit dem Ursprung 0 in einer Geraden, so ist die Relation $c(A_1, A_2) = c(A_2, A_1)$ offensichtlich. Liegen sie nicht in einer Geraden und sei $a_1 \in A_1$ und $a_2 \in A_2$ mit $d(0, a_1) - d(0, a_2) = 0$, so verläuft die Mittelsenkrechte D von (a_1, a_2) durch 0. Also vertauscht die Spiegelung an der Achse D die Geraden A_1 und A_2, und da diese Spiegelung eine Isometrie ist und das Senkrechtstehen bewahrt, so ergibt sich $c(A_1, A_2) = c(A_2, A_1)$.

Die Axiome I, II, III, IV sind also bestätigt, und man kann nunmehr demselben Weg folgen wie in der vorhergehenden Axiomatik.

Will man gewisse metrische Begriffe vor den vektoriellen betrachten, muß man den Satz des Pythagoras ohne die Hilfe des skalaren Produktes beweisen. Wir bringen nun einen einfachen Beweis, der keine Sätze über ähnliche Dreiecke und über die Winkel eines Dreiecks voraussetzt:

Vorausgesetzt werden zwei Halbgeraden D, D$'$ mit dem Ursprung 0, $x \in D$ und der Projektionsmaßstab k von (D, D$'$). Ferner sei x' die Projektion von x auf die Trägergerade von $\underline{D'}$ und $\underline{x''}$ die Projektion von x' auf die Trägergerade von D. Dann gilt offenbar $\overline{0x''} = k^2\, \overline{0x}$, woraus $x'' \in D$ folgt.

Ist nun (a, b, c) ein in a rechtwinkliges Dreieck, so bezeichnen wir mit p die Projektion von a auf die Gerade $\Gamma(b, c)$, mit α, β, γ die Längen der Seiten und mit k, k$'$ die Projektionsmaßstäbe der Paare der zu b bzw. c zugeordnete Halberaden in diesem Dreieck.

Nach dem Vorstehenden ist $p \in [b, c]$, woraus $\alpha = k^2\,\alpha + k'^2\,\alpha$ oder auch $\alpha^2 = k^2\alpha^2 + k'^2\alpha^2$ folgt, was schließlich $\alpha^2 = \beta^2 + \gamma^2$ ergibt. Daraus folgt insbesondere, daß $|k|$ und $|k'| \leqslant 1$ sind.

Anhang B. Axiomatik der nichteuklidischen Geometrie

Ich halte es nicht für gut, mit den Schülern Abwandlungen eines ihnen dargestellten Axiomsystems zu besprechen, bevor sie sich dieses gut angeeignet und eine gewisse geistige Reife erreicht haben. Die euklidische Geometrie ist im übrigen von einer solchen Einfachheit, und ihre Struktur enthält im Keim so viel fundamentale Begriffe, z.B. die der Gruppe, des Vektors, des skalaren Produktes, daß ihre Behandlung nicht im Widerspiel mit anderen Geometrien leiden darf.

Andererseits ist es sehr interessant, den Schüler am Ende der Höheren Schule oder zu Beginn des Universitätsstudiums, wenn er über genügende algebraische Hilfsmittel verfügt, an Modellen einige nichteuklidische Geometrien untersuchen zu lassen und ihm zu zeigen, daß einige Abänderungen der Axiome der Ebene und des euklidischen Raumes die Axiome dieser Geometrien liefern.

Ich werde kurz die Axiome der „allgemeinen" Geometrie der Ebene angeben, die die Ebenen kennzeichnen, gleichgültig, ob diese euklidisch oder hyperbolisch sind.

Hier ist die Ebene noch eine Menge Π; die Geraden sind Untermengen. Die Axiome teilen sich in vier Gruppen auf:

I". *Durch jedes Paar (x, y) von verschiedenen Punkten von Π verläuft genau eine Gerade, die x und y enthält.*

II". *Jeder Geraden G sind zwei Strukturen totaler Ordnung zugeordnet, die einander entgegengesetzt sind.*

III". *Dieses Axiom stimmt genau mit dem Axiom III' des Anhangs A überein.*

IV" *(Spiegelung). Zu jeder Geraden G existiert eine Einteilung von* $\{\Pi \div G\}$ *in zwei nichtleere Teilmengen* Π_1 *und* Π_2, *so daß*

a) $(x_1 \in \Pi_1 \, ; \; x_2 \in \Pi_2) \Rightarrow ([x_1, x_2] \cap G \, nicht \, leer)$.

b) *Es gibt eine Isometrie f von* $\Pi_1 \cup G$ *auf* $\Pi_2 \cup G$, *so daß* $f(x) = x$ *für jedes* $x \in G$.

Man beweist sogleich die Einzigkeit *) der Einteilung von Π in zwei einer Geraden zugeordnete Halbebenen, ebenso wie die Einzigkeit der entsprechenden Spiegelung. Daraus folgt der Begriff der Spiegelung an einer Geraden, und eine solche Spiegelung ist eine Isometrie von Π.

Diese Spiegelungen erlauben die Betrachtung des Senkrechtstehens, und sie erzeugen die Isometrien von Π. Wie in der euklidischen Ebene bilden die paarigen Isometrien (Produkte einer geraden Anzahl von Achsenspiegelungen) eine Gruppe, die auf der Menge der abgeschlossenen Halbgeraden einfach transitiv ist.

Durch einen Punkt $x \notin G$ gibt es zu jeder Geraden G wenigstens eine Parallele. Gibt es für ein gewisses Paar (G_0, x_0) nur eine Parallele, so beweist man, daß es dann auch für alle Paare (G, x) so ist. In diesem Fall liegt eine euklidische Ebene vor, anderenfalls eine hyperbolische Ebene.

Anhang C. Axiomatik der „Anfangsgeometrie"

Wir nennen „Anfangsgeometrie" die Geometrie, wie sie Schülern bis zum Alter von etwa 14 Jahren gelehrt wird, also die Geometrie, in der man nicht explizit die Vektorsprache gebraucht und die Strecken in rationalen, aber nicht in irgendwelchen beliebigen Verhältnissen teilt. In diesem Alter bietet man die Geometrie nicht in deduktiver Form dar, indessen bringt man aber die Beweise von einigen einfachen Sätzen, ausgehend von Prämissen, die die Schüler von der Anschauung her als gültig voraussetzen. Diese Prämissen bilden die Axiome von „kleinen deduktiven Inselchen".

Es ist unerläßlich, daß die Definitionen und die verwendete Sprache eines solchen Unterrichts die gleichen sind, die später systematisch gebraucht werden.

---

*) Die Beweise der ersten Sätze finden sich in einem Artikel des Autors in „*l'Enseignement des Mathématiques*", S. 75–129; Verlag Delachaux et Niestle, Neuchâtel und Paris.

Gleichfalls wünschenswert wäre es, daß ein leitender Faden die Auswahl der deduktiven Bruchstücke bestimmt. In denke, daß ein solcher Leitfaden durch eine Axiomatik mit starken Axiomen gebildet werden könnte, die aber nur einfache Begriffe, wie den der Kongruenz verwendet.

Zu den affinen Begriffen

Die beiden ersten Axiome sind die Axiome I und II; das letztere spricht man jedoch mit Hilfe der Relation „zwischen" aus (siehe *Halsted*).

Das Axiom IIIa wird durch das folgende ersetzt:

IIIa″. *In der Menge* $\Pi \times \Pi$ *der Punktepaare von* Π *ist eine mit* $\sim$ *bezeichnete Äquivalenzrelation definiert, so daß*

a) *Für alle* x, y *gilt* $(x, y) \sim (y, x)$.

b) *Für jede Gerade* G *und alle Punkte* $x, y, x' \in G$ *existiert auf der einen oder anderen Seite von* x' *ein einziger Punkt von* G, *so daß* $(x, y) \sim (x', y')$.

c) *Für jede Gerade* G *und alle Punkte* $x, y, z, x', y', z' \in G$, *für die* $x \leqslant y \leqslant z$ *und* $x' \leqslant y' \leqslant z'$ *ist, gilt*

$$[(x, y) \sim (x', y') \ und \ (y, z) \sim (y', z')] \Rightarrow [(x, z) \sim (x', z')].$$

Das Axiom IIIb bleibt unverändert.

Die zur Relation $\sim$ gehörigen Äquivalenzklassen heißen Distanzen (Entfernungen). Man kann sie vergleichen und addieren.

Mit Hilfe dieser Axiome könnte man das Theorem 12.3 beweisen *) und sogar zeigen, daß Π einen Ursprung besitzt und ein Vektorraum über Q ist. Man könnte damit also aus diesen Axiomen alle klassischen elementaren Ergebnisse der affinen Struktur der Ebene herleiten.

Zu den metrischen Begriffen

Zu den vorstehenden Axiomen fügt man entweder die Dreiecksungleichung IIId′ und das Spiegelungsaxiom IV′ hinzu oder das Axiom IVa und das folgende etwas stärkere Axiom als IVb:

IVb‴. Es sei $(0, x, y)$ ein nicht geradliniges Tripel von irgendwelchen Punkten und h die Projektion von 0 auf die Gerade $\Gamma(x, y)$. Dann soll gelten

$$[d(h, x) = d(h, y)] \Leftrightarrow [d(0, x) = d(0, y)].$$

---

*) Das Axiom II nützt dazu nichts. Allgemeiner: nehmen wir an, daß Axiom I gilt und daß es auf jeder Geraden Γ von Π eine einfach transitive kommutative Gruppe $G(\Gamma)$ gibt, bei der jedes von null verschiedene Element von unendlicher Ordnung ist, was die Definition des Begriffs des Mittelpunktes erlaubt, dann kann man das Axiom IIIb aussprechen und das Theorem 12.3 beweisen, ferner die Tatsache, daß Π einen Ursprung hat und auf Q vektoriell ist.

Anhang D. Schema einer anderen Winkeldefinition

Im Kapitel V sind die Winkel ausgehend von der Gruppe der Drehungen um einen
Punkt definiert worden.

Hier schlage ich eine andere Methode vor, die in engerer Verbindung zu den Halbgeraden steht. Dazu definieren wir in der Menge der Paare von Halbgeraden mit
dem Ursprung 0 eine Äquivalenzrelation; die Winkel sind dann die zu dieser Relation gehörigen Äquivalenzklassen. Anschließend definiert man die Summe von
zwei Winkeln. Diese Methode ähnelt sehr der Einführung von Vektoren, ausgehend
von „gebundenen Vektoren". Die Übereinstimmung ist so groß, daß man beide
Darstellungen in dasselbe Schema fügen kann. Dieses will ich hier bringen, wobei
ich es dem Leser überlasse, es entweder auf Vektoren oder auf Winkel anzuwenden.

Im ersten Fall ist Π die verwendete Menge E und S die Menge der Punktspiegelungen von Π. Im zweiten Fall ist E ein Kreis mit dem Zentrum 0 und S die Menge
der Achsenspiegelungen, deren Achsen durch 0 verlaufen.

Abstraktes Schema

Es sei E eine Menge, die mit einer Menge S von Permutationen (von E) ausgestattet
ist, so daß

a) σ^2 für jedes $\sigma \in S$ gleich der Identität ist,
b) für alle x, y $\in$ E ein einziges σ von S existiert, das x und y vertauscht,
c) zwei Translationen identisch sind, wenn sie für ein x $\in$ E zusammenfallen, wobei
mit *Translation* jedes Produkt $\rho \cdot \sigma$ (ρ und $\sigma \in S$) bezeichnet wird.

Hilfssatz α. *Jedes Produkt $\rho \sigma \tau$ von Elementen von* S *ist ein Element von* S.

Es sei a $\in$ E, ferner $a' = \rho \sigma \tau$ (a) und schließlich π das Element von S, das a und a'
vertauscht. Die Gleichheit $\rho \sigma \tau$ (a) = π (a) zieht $\sigma \tau$ (a) = $\rho \pi$ (a) nach sich, woraus
$\sigma \tau = \rho \pi$ und $\rho \sigma \tau = \pi$ folgt.

Zusatz *). *Für alle ρ, σ, $\tau \in$ S ist $(\rho \sigma \tau)^2$ die Identität.*

Man führt nun in E $\times$ E eine Äquivalenzrelation ein: Wir sagen, daß (a, b, c, d) ein
Parallelogramm von E ist, wenn die Permutation σ, die a und c vertauscht, auch b
und d vertauscht.

Ist (a, b, a', b') ein Parallelogramm, so schreiben wir (a, b) $\sim$ (a', b'). Es folgt nun
unmittelbar

$$[(a, b) \sim (a', b')] \Leftrightarrow [(a, a') \sim (b, b')].$$

*) Diese Aussage ist im übrigen, trotzdem sie schwach erscheint, der Eigenschaft c) der
Translationen äquivalent.

Andererseits ist diese Relation eine Äquivalenzrelation. Die Reflexivität und die Symmetrie sind augenfällig; wir zeigen noch die Transitivität:

Nehmen wir $(a, b) \sim (a', b')$ und $(a', b') \sim (a'', b'')$ an, so heißt dies, daß $a' = \rho\,(b)$, $b' = \rho\,(a)$ mit $a'' = \sigma\,(b')$, $b'' = \sigma\,(a')$ ist. Man kann $b'' = \tau\,(a)$ setzen, was man auch $a = \tau\,(b'')$ schreibt. Danach ist $a'' = \sigma\,\rho\,\tau\,\sigma\,\rho\,(b)$, was nach dem Zusatz nichts anderes als $\tau\,(b)$ ist. Die Relationen $b'' = \tau\,(a)$ und $a'' = \tau\,(b)$ drücken aus, daß $(a, b) \sim (a'', b'')$.

Hilfssatz β. *Für alle* a, b, c, a$'$, b$'$, c$'$ *gilt*

$$[(a, b) \sim (a', b')\,und\,(b, c) \sim (b', c')] \Leftrightarrow [(a, c) \sim (a', c')].$$

In der Tat sind diese Relationen äquivalent zu

$$(a, a') \sim (b, b'); \quad (b, b') \sim (c, c'); \qquad (a, a') \sim (c, c'),$$

woraus sich die Behauptung infolge der Transitivität ergibt.

Hilfssatz γ. *Für alle* a, b, a$'$ *gibt es genau ein* b$'$, *so daß* $(a, b) \sim (a', b')$ *ist.*
Es gilt in der Tat $b' = \rho\,(a)$, wobei ρ das Element von S ist, für das $a' = \rho\,(b)$.
Von nun ab verfügt man über alle Elemente, um durch diese Äquivalenzrelation eine Gruppenstruktur auf dem Quotienten E $\times$ E zu definieren. Die Kommutativität rührt daher, daß in einem Parallelogramm irgendzwei entgegengesetzte Paare äquivalent sind.

Man zeigt, daß diese Gruppe zur Gruppe der Translationen isomorph ist und daß diese identisch der Gruppe der Permutationen von E ist, die jedes (a, b) in ein äquivalentes Paar überführen.

Schließlich zeigt man, daß E für jeden Punkt ω von E mit einer Struktur einer kommutativen Gruppe mit dem neutralen Element ω versehen ist, also ist die Gruppe der Translationen nichts anderes als die vorher definierte Gruppe.

Die Elemente von S sind nichts anders als die Spiegelungen $x \rightarrow (a - x)$ dieser Gruppe. Umgekehrt ist es offensichtlich, daß für jede kommutative Gruppe G die Spiegelungen $x \rightarrow (a - x)$ von G die von einer Menge S geforderten Eigenschaften a), b), c) haben, und daß die diesem S zugeordnete Gruppe von Translationen nichts anderes ist als die Gruppe der Translationen von G.

Anhang E. Literatur

Es ist im folgenden nur solche Literatur angegeben, die von direktem Interesse für die Schulgeometrie sein dürfte.

I. Klassische Werke

Euklid, Elemente.

Hilbert, Grundlagen der Geometrie, Leipzig 1930.

Halsted, G. B., Géométrie rationelle, Paris 1911.

II. Amerikanische Arbeiten, die auf dem Distanzbegriff aufbauen

Veblen, O., A system of axioms for geometry, Trans. Amer. Math. Soc., 5, 343, 384 (1904).

Veblen, O., The foundations of geometry, ch. I, Monographs on topics of modern mathematics, New York 1955.

Moore, R. L., Sets of metrical hypothesis for geometry, Trans. Amer. Math. Soc., 9, 487, 512 (1908).

Forder, H. G., The foundations of Euclidean Geometry, London 1927.

Birkhoff, G. D., A set of postulates for plane geometry based on scale and protractor. Ann. of Math., 33, 1932.

Birkhoff, G. D. und *Beatley, R.*, Basic Geometry, New York 1941.

Birkhoff, G. D. und *Beatley, R.*, Manuel to basic Geometry.

Gillam, B. E., A new set of postulates for Euclidean geometry, Revista de Ciencia, 42, 869 (1940).

Blumenthal, L. M., Theory and application of distance geometry, New York 1953.

MacLane, S., Metric postulates for plane geometry, Amer. Math. Monthly, 66, 1959.

Arbeiten der „School Mathematics Study Group" *(Moise, Curtis, Dans, Walker)*.

III. Neuere Arbeiten

Artin, E., Geometric algebra, New York, London 1957.

Bachmann, F., Aufbau der Geometrie aus dem Spiegelungsbegriff, Berlin 1959.

Behnke-Fladt-Süss, Grundzüge der Mathematik, Band II, Göttingen 1960.

Behnke, u.a., Lectures on modern teaching of geometry and related topics, ICMI-Seminar in Aarhus, 1960.

Bouligand, G., Accès aux principes de la Géométrie Euclidienne, Paris 1951.

Brisac, R., Exposé élémentaire des principes de la géométrie élémentaire, Paris.

Choquet, G., Aufsatz in L'Enseignement des Mathématiques.

Aufsätze von A. Revuz und H. Cartan.

Kerekjarto, B., Les fondements de la géométrie, Budapest 1955.

IV. Lehrbücher

Cossart und *Théron*, Mathématiques 4e, Paris.

Deltheil und *Caire*, Géométrie, Paris.

Enriques und *Amaldi*, Elementi di Geometria ad uso delle scuola secondarie superiori, Bologna.

Rosati und *Benedetti*, Geometria, Rom.

Severi, Geometria elementare, Florenz.

Castelnuovo, Geometria intuitiva, Florenz.

Kenniston und *Jully*, Plane Geometry, 1946.

Morse, Mathematics for High Schools, Geometry, New Haven, Connecticut 1959.

Perepelkin, Cours de la géométrie élémentaire, 1949.

V. Deutschsprachige Literatur (soweit nicht unter I bis IV aufgeführt)

Behnke-Tietz, Mathematik 2, Fischer-Lexikon 29/2.

Coxeter, Unvergängliche Geometrie, Basel, Stuttgart 1963.

Efimow, Höhere Geometrie, Berlin 1960.

Félix, Elementarmathematik in moderner Darstellung, Braunschweig 1968.

Fladt, Ein Kapitel Axiomatik: Die Parallelenlehre, Frankfurt/M. 1956.

Guse, Beweise elementargeometrischer Sätze durch Spiegelungsrechnen, Kiel 1952.

Heffter, Grundlagen und analytischer Aufbau der Geometrie, Stuttgart 1958.

Lenz, Grundlagen der Elementarmathematik, Berlin 1961.

Nastold, Begründung der euklidischen Geometrie mit Hilfe von Abbildungen, Münster 1962.

Papy, Ebene affine Geometrie und reelle Zahlen, Göttingen 1965.

Perron, Nichteuklidische Elementargeometrie der Ebene, Stuttgart 1962.

Pickert, Ebene Inzidenzgeometrie, Frankfurt/M. 1958.

Rédei, Begründung der euklidischen und nichteuklidischen Geometrie, Leipzig.

Der Mathematikerunterricht, Abbildungsgeometrie I, II, III, IV, V Heft 2/56, 1/57, 3/58, 4/63, 3/65.

Der Mathematikunterricht, Axiomatik und Geometrieunterricht, Heft 3/59.

Sachregister

Logik und Grundlagen
der Mathematik

Herausgegeben von Dieter Rödding

L. Felix
Elementarmathematik in moderner Darstellung

Band 1. (Exposé morderne des mathématiques élémentaires, dt.) (Aus dem
Franz. übersetzt von Ivo Steinacker.) Mit einem Vorwort von Klaus Wigand.
Mit 80 Abbildungen. Nachdruck der 2., verbesserten Auflage. — Braunschweig:
Vieweg 1971. XV, 583 Seiten. DIN C 5. Gebunden.
ISBN 3 528 08174 0

A. A. Sinowjew
Über mehrwertige Logik

Band 2. (Aus dem Russ. übersetzt von H. Wessel.) 2. Auflage. — Braunschweig:
Vieweg 1970. 127 Seiten. DIN A 5. Paperback.
ISBN 3 528 08271 2

E. Whitesitt
Boolesche Algebra und ihre Anwendung

Band 3. (Boolean Algebra and its Applications, dt.) (Aus dem Engl. übersetzt
von U. Klemm.) Mit 123 Abbildungen. Nachdruck der 2. Auflage. — Braunschweig: Vieweg 1971. VIII, 207 Seiten. DIN C 5. Paperback.
ISBN 3 528 08184 8

G. Choquet
Neue Elementargeometrie

Band 4. (L'enseignement de la géométrie, dt.) (Aus dem Franz. übersetzt
von K. Wigand.) Mit 15 Abbildungen. Nachdruck der 1. Auflage. — Braunschweig: Vieweg 1971. VII, 145 Seiten. DIN C 5. Gebunden.
ISBN 3 528 08260 7